Ogasawara Islands

JN037222

世界自然遺産
小笠原諸島
—自然と歴史文化—

東京都立大学小笠原研究委員会［編］

朝倉書店

編集幹事

菊地　俊夫（きくち　としお）　東京都立大学都市環境学部
可知　直毅（かち　なおき）　東京都立大学プレミアム・カレッジ
鈴木　毅彦（すずき　たけひこ）　東京都立大学都市環境学部

執筆者

鈴木　毅彦（すず　き　たけ　ひこ）　東京都立大学都市環境学部
小松　陽介（こ　まつ　よう　すけ）　立正大学地球環境科学部
岡本　透（おか　もと　とおる）　森林総合研究所
吉田　圭一郎（よし　だ　けいいちろう）　横浜国立大学教育学部
菅野　洋光（かん　の　ひろ　みつ）　農業環境変動研究センター
松山　洋（まつ　やま　ひろし）　東京都立大学都市環境学部
菊地　俊夫（きく　ち　とし　お）　東京都立大学都市環境学部
可知　直毅（か　ち　なお　き）　東京都立大学プレミアム・カレッジ
菅原　敬（すが　わら　たかし）　国立科学博物館植物研究部
川上　和人（かわ　かみ　かず　と）　森林総合研究所
後藤　雅文（ご　とう　まさ　ふみ）　環境省奄美群島国立公園管理事務所
加藤　英寿（か　とう　ひで　とし）　東京都立大学理学部
岩本　陽児（いわ　もと　よう　じ）　和光大学現代人間学部
ダニエル・ロング　東京都立大学人文社会学部
小西　潤子（こ　にし　じゅん　こ）　沖縄県立芸術大学音楽学部

（執筆順）

まえがき

　小笠原諸島は，2011年6月29日に日本で4番目となる世界自然遺産地に登録されました。世界自然遺産地をもつ首都は世界でも東京だけでしょう。島で独自の進化をとげた固有種が島から姿を消せば，それは即その固有種が地球上から消滅することを意味します。また，これらの生物は，生物種の間でおこる競争が厳しくない環境で進化したので，トゲや毒など天敵に対する備えもありません。そして，これらの島々では，人間による開発，あるいは人間が外から持ち込んだ生物（外来生物）などの影響によって，急速に個体数を減らしている固有種が少なくありません。絶滅が危惧される種が小笠原諸島には非常に多いのです。

　東京都立大学（2020年4月に首都大学東京から名称変更）は，50年以上にわたり小笠原研究に取り組んでいます。東京都立大学の小笠原研究は，1968年6月26日に小笠原が日本に返還された直後の8月に，海洋生物学の研究者でもある団勝磨総長を団長とする学術調査団が派遣されたことに始まります。1970年に東京都総務局所管の総合調査室を借用して父島に研究室（父島研究室）が設置され，本格的に研究が始まりました（図1）。父島研究室には，全国から研究者や大学院生などが集い，さまざまな研究が展開されました。1992年には，現在の小笠原研究施設が開設され，小笠原研究の拠点として活用され

図1　父島研究室（1980年代　小笠原研究委員会所蔵）

図2　東京都立大学小笠原研究施設　（2020年5月，早坂亮佑氏撮影）

ています（図 2）。これらの実績を背景に，2017 年には小笠原村と東京都立大学との間で連携協定が締結されました。

　東京都立大学の小笠原研究の特色はその多様さにあります。気象や地形・地質などの自然環境，固有種や絶滅危惧種の生態や系統分類，自然再生や外来種問題に関する生態学などの自然系の研究だけでなく，観光学や欧米系言語と融合した小笠原特有の言語の研究など多彩な研究が展開されています。これらの研究成果は，小笠原研究委員会が発行する『小笠原研究年報』や『小笠原研究（*Ogasawara Research*）』という紀要学術誌にも紹介されており，小笠原研究委員会のホームページからダウンロードできます。

　このガイドブックでは，小笠原諸島をフィールドとして，自然，歴史，文化を研究している研究者が，それぞれの専門分野ごとにこれまでの研究成果を一般の皆さんにわかりやすく紹介しています。小笠原について，最新の研究内容も含め，幅広くより深く知ることができます。どの章から読み始めても理解できるようになっていますので，まず関心のあるテーマの章を読んでみてください。研究者によって見解が異なるような研究途上の内容もあえて盛り込んでいます。ご自身がこれまで聞いたり，調べたりした内容と違うことが書かれてあるかもしれませんが，なぜそうなのか考えることを楽しんでいただくとよいと思います。

執筆者を代表して　　　可知直毅

本 書 の 使 い 方

　本書は小笠原の自然と歴史文化を万遍なく系統的に知るためにⅠ部からⅣ部までの四つのパートから構成されています。Ⅰ部の「自然遺産地の基盤としての大地」では，小笠原諸島の成り立ちを知ったうえで，父島や母島の地形・地質について学びます。Ⅱ部の「自然遺産地を取り巻く大気と水」では小笠原の気候や水環境について知ることができます。Ⅲ部の「自然遺産地に生きる生物」では，小笠原の生態系とその主要な構成要素である植物や動物について理解を深めるとともに，世界自然遺産としての生態系の特徴や保全保護の課題を学ぶことができます。Ⅳ部の「自然遺産地と共生する歴史文化と生活」では，小笠原の歴史や文化とともに，自然遺産と共生して存続する生活や産業についても説明されています。本書は，どこから読み始めても小笠原をよく知ることができる構成になっています。そのため，四つのパートは興味のあるパートから読み進めることもできますし，理解を深めようと思うパートを重点的に読むこともできます。

　本書のもう一つの特徴は四つのパートそれぞれの最後に，各パートに関連したエクスカーションガイドがついていることです。エクスカーションは巡検と訳されることが多く，野外でさまざまな事象や現象を観察し，それらの特徴を見出すフィールドワークといえます。ただし，読者の皆さんはあまり堅苦しく考えず，それぞれのパートの知見を踏まえ，それぞれの知見に関連した事象や現象を見てまわる散策と思ってください。本の中で学び知った事象や現象を実際に見ることにより，本書の内容の理解がより深まると思います。「百聞は一見に如かず」ともいわれています。本書の知見を確かめるためにエクスカーションに出かけましょう。

　エクスカーションに出かけるためには，地図が必要です。本書には表紙の見返しに父島と母島の地図が載せられており，それぞれの島の主要な地名や施設，およびエクスカーションガイドで紹介された場所が示されています。同様に，裏表紙の見返しには父島市街地（大村地区とその周辺）と母島市街地（沖村地

区とその周辺）の地図が載せられ，主要な地名や施設，およびエクスカーショ
ンガイドで取り上げられた場所が示されています。また，裏表紙の見返しには，
小笠原諸島全体の地図も掲載されています。

　　Ⅰ部のエクスカーションガイドでは小笠原諸島の全体図や父島・母島の地図
が役立ちます。Ⅱ部のエクスカーションガイドでは父島の地図が役立ちますが，
大縮尺の地図が必要に応じてエクスカーションガイドに盛り込まれています。
Ⅲ部とⅣ部のエクスカーションガイドでは父島や母島の地図とともに，父島と
母島の市街地の地図が役立ちます。いずれにせよ，エクスカーションを行う際
は世界自然遺産地であることを理解し，自然の保全・保護に配慮し，固有の岩
石や生物を採取しないことはもちろんのこと，靴底や衣服などを介して外来種
を持ち込まないことも重要です。

　　いうまでもなく，世界自然遺産としての小笠原の魅力は本書にあるのではな
く，現地のフィールドにあります。実際に自分の目で見ることで，世界自然遺
産としての小笠原の魅力は十倍にも百倍にも高まるはずです。そのためにも，
見返しの地図を見ながらエクスカーションに出かけてみてはいかがでしょう
か。本書を読み使うことで，皆さんが小笠原の魅力を発見するお手伝いになれ
ばと思っています。

編集幹事　　菊地俊夫・可知直毅・鈴木毅彦

目　次

― I ―
自然遺産地の基盤としての大地

父島の中山峠から見た小港海岸の地形（2008 年 3 月菊地俊夫撮影）

第1章 小笠原諸島の成り立ち

1.1 海に囲まれた小笠原諸島

　日本列島の太平洋沖合に位置する小笠原諸島は，約30の島々から構成され，それぞれの位置関係から聟島列島・父島列島・母島列島からなる小笠原群島，硫黄島などを含む硫黄列島（火山列島），西之島，そしてこれらからそれぞれ東西に離れた南鳥島，沖ノ鳥島からなります（図1.1）。このうち一般住民がいるのは小笠原群島の父島・母島に限られ，それらは東京23区から南南東におよそ1,000 km離れています。小笠原諸島は，地球表面のおよそ3分の1を占める太平洋の西部にあり，周囲にはまとまった陸域が存在しない海域です。このような海域に小さい島々（いずれも面積25 km^{2}以下）が奇跡的に存在するようにもみえ，島としての存在そのものが不思議に思えます。しかしこの海域にひろがる起伏に富む複雑な海底地形や地質に着目するとこれらの島々が存在する理由がみえてきます。そして各島の成立はいくつかの異なる理由によることがわかります。本章では小笠原諸島を成立させた地形・地質学的な背景について触れていきましょう。

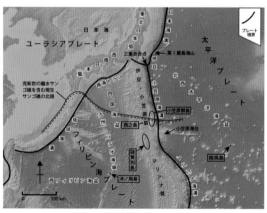

図1.1　小笠原諸島周辺の地形（GeoMapApp（www.geomapapp.org）/ CC BY/ CC BY [1]より作成）

海溝とプレート

　小笠原諸島周辺の海底地形で最も目立つ地形は伊豆・小笠原海溝とそれに続くマリアナ海溝でしょう（図 1.1）。東日本の沖合にのびる日本海溝の続きでもある伊豆・小笠原海溝は，その北端の第 1 鹿島海山南麓から南端の小笠原海台付近まで全長 850 km，水深が大半で 9,000 m 以上の深い溝状の地形からなります。この溝状の地形はさらにマリアナ海溝へと南に続きます。伊豆・小笠原海溝は地学的にも大変重要なところであり，ここを境に東側は太平洋プレートに，伊豆・小笠原海溝北端の少し南にある三重会合点（相模トラフへの分岐点）以南での西側は，南海トラフ−琉球海溝までの領域がフィリピン海プレートに所属します。そして伊豆・小笠原海溝のほとんどは，太平洋プレートがフィリピン海プレートの下に沈み込み始める境界となります。小笠原諸島の島々がどのように成立したかはこの太平洋プレートとフィリピン海プレートの運動と非常に密接に関連します。

　ところで南鳥島だけはほかの島と比べてかなり異質です。父島・母島から東南東に約 1,200 km 離れた南鳥島は小笠原諸島の一角をなしていますが，国内では唯一太平洋プレートに属しており，地学的な背景がほかの島々と異なります[2]。南鳥島という名称ですが日本最東端の場所でもあります。この島は中生代（2.5 億〜 6,600 万年前）という大変古い時代の火山が骨格をなしており，その上にサンゴ礁が重なっています。

巨大な海底山脈・伊豆・小笠原弧

　南鳥島を除く小笠原諸島はすべてフィリピン海プレート上に位置します。しかし海底地形からみるとこれら小笠原諸島の島々は，その土台となる海底の高まりがいくつかに分かれ，島としての成立過程が異なることがわかります。伊豆・小笠原海溝の西側には幅 300 〜 400 km，長さ約 1,100 km にわたる高まりが伊豆半島付近を北端に海溝に並行しています。この高まりは伊豆・小笠原

弧とよばれる地形であり，東側の北西太平洋海盆と西側の四国海盆に挟まれた海底山脈です。またその南側への続きはグアム島をのせるマリアナ弧となります。これらはまとめて伊豆・小笠原・マリアナ島弧ともよばれています。太平洋プレートに所属する北西太平洋海盆は水深が 6,000 m 前後で，西側の四国海盆は水深 4,000 ～ 5,000 m ですから，部分的に海面よりも高い場所をもつ伊豆・小笠原弧の高まりは海底山脈ともよべるかなり大きな地形です。そしてこの海底山脈のうち，海面から顔を出している部分が南鳥島と沖ノ鳥島を除く小笠原諸島や伊豆諸島の島々です。

　なお，日本最南端である沖ノ鳥島は父島・母島から南西に約 1,000 km 離れたサンゴ礁の島です[2]。伊豆・小笠原弧から大きく外れた場所にあります。この島は最高点が約 1 m と低く，侵食により消滅のおそれがあったために 1987 年以降保全工事がなされています。海面すれすれの小島ですがフィリピン海プレートの北東を占める四国海盆からみれば数千 m 以上の山です。この島は九州の南東沖からパラオまで連続する高まりである九州・パラオ海嶺に属し，この海嶺上の唯一の島です。

　伊豆・小笠原弧と伊豆・小笠原海溝の組み合わせは，世界各地にみられる島弧–海溝系とよばれる地形の一つです。島弧–海溝系は太平洋プレートのような海洋プレートが沈み込むことにより形成される大規模な地形であり，日本列島も島弧–海溝系の一つです。このため，たとえば我々にとってなじみ深い島弧–海溝系である東北日本弧（東日本に相当）と伊豆・小笠原弧を比較すると，両者には島弧–海溝系としての共通点が多くあることに気がつきます。以下，伊豆・小笠原弧を構成する地形の詳細と島々の関係をみていきましょう。

1.3　性格が異なる小笠原群島と硫黄列島

小笠原群島をのせる小笠原海嶺

　一般に小笠原諸島としてなじみ深いのは父島や母島などの島々で，これらは聟島列島とあわせて小笠原群島とよばれています（図 1.1）。通常訪れることが

できるこれらの島々は，沈水性の入りくんだ海岸線や植生に覆われた起伏のある丘陵状の地形を特徴とします。島はいずれも標高がさほど高くなく，最高点は母島の乳房山で標高463 m です。また主に古第三紀（6,600万〜2,300万年前）という時代に噴出した火山岩から構成されていますが，火山とはよべないので火山島ではありません。小笠原群島を伴う海底の高まりは小笠原海嶺とよばれ，伊豆・小笠原弧南部の海溝側に南北にのびる特徴的な地形で，隆起により形成されました（図1.2）。小笠原海嶺の西側は急崖になっており，その西側はこれに沿うようにして小笠原トラフとよばれるやはり南北にのびる水深3,000〜4,000 m の深い海が広がっています。

火山をのせる七島・硫黄島海嶺

　小笠原トラフの西側には再び南北に連なる高まりがあり，これは七島・硫黄島海嶺とよばれています。名称のとおり伊豆七島（伊豆大島・利島（としま）・新島（にいじま）・神津島（こうづしま）・三宅島（みやけじま）・御蔵島（みくらじま）・八丈島（はちじょうじま））から青ヶ島，ベヨネーズ列岩，鳥島，孀婦岩（そうふがん）などの伊豆諸島，そして西之島や硫黄列島（北硫黄島・硫黄島・南硫黄島）などの小笠原諸島の島々をのせています。これらの高まりにみられる島々は，伊豆七島を含めて多くが火山島であることが特徴です。2013年以降に噴火を断続的に継続させて島が拡大している西之島は，この地域の火山がきわめて活動的であることを示しています。また単に火山島だけでなく，1952年9月の噴火により海上保安庁水路部所属の「第5海洋丸」が遭難（犠牲者31名）したとされる明神礁（みょうじんしょう）や，福徳岡ノ場（ふくとくおかのば）などの海底火山も多く分布します。これらの火山は太平洋プレートの沈み込みが原因で誕生したものであり，島弧型火山とよばれています。太平洋プレートが一定の深さまで達したところでマグマが生じ，それらが浮力により地表まで到達して火山となりました。ちなみに七島・硫黄島海嶺で認定されている活火山は21個あり，総数111個の日本の活火山の2割近くを占めています。

　このように小笠原諸島付近は火山を伴わない高まりである小笠原海嶺，火山を特徴とする七島・硫黄島海嶺がともに南北にのび，それらは伊豆・小笠原海溝に並行するという特徴をもちます。なお七島・硫黄島海嶺の西側にも西七島

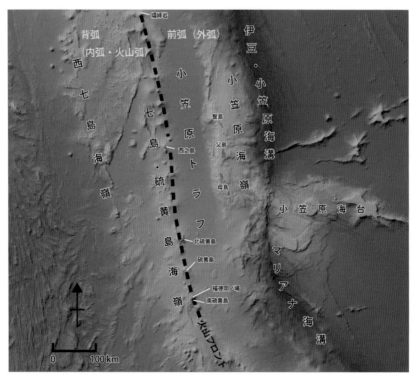

図 1.2　小笠原群島と硫黄列島周辺の海底地形（地理院地図により作成）

海嶺とよばれる高まりが伊豆半島沖合から西之島西方まで続き，これらは新第三紀（約 2,300 万〜 260 万年前）の古い火山を起源とする海山からなる高まりの地形です。

島弧–海溝系としての伊豆・小笠原弧

　以上に述べた伊豆・小笠原弧を構成する南北にのびる地形的な配列は，東北日本弧のそれらと類似します。伊豆・小笠原弧はほとんどが海底下に没しているのに対して，東北日本弧は東日本というまとまった陸域を有しているという大きな違いはあるものの，双方とも火山フロント（火山前線）とよばれる境界線を境に，太平洋側の前弧（または外弧）と反対側の背弧（内弧または火山弧）から構成されます。伊豆・小笠原弧での背弧の高まり（火山フロント西側）は

七島・硫黄島海嶺であり，東北日本弧の奥羽山脈に相当します。一方，小笠原トラフから小笠原海嶺にかけては火山が存在しない非火山性の前弧であり，東北日本弧ではこれに該当する部分は奥羽山脈から日本海溝にかけての部分です。ただし詳細をみると東北日本弧では，小笠原トラフほどの低まりや小笠原海嶺ほどの高まりに相当するものは明確でなく，地形的な特徴は異なります。また伊豆・小笠原弧でもその北部では小笠原トラフと小笠原海嶺の延長が明瞭でないなどの個々の島弧–海溝系としての地形的な特徴があります。

1.4　小笠原諸島の地質

　小笠原諸島の地質は上記の地形の区分を反映しています。西之島や硫黄列島の島々は活火山か第四紀火山（過去約260万年間に活動した火山）からなり，基本的に新しい時代（第四紀）の火山噴出物からなります。これに対して小笠原群島の島々はより古い時代の火山岩（主に古第三紀）や，一部，石灰岩（古第三紀〜新第三紀）などからなります。西之島や硫黄列島の島々は残念ながら通常では訪れることが困難な場所です。これに対して小笠原群島の父島や母島

図1.3　東京都小笠原村父島（2007年2月，鈴木毅彦撮影）
夜明道路沿いで見ることができる枕状溶岩。

は住民がいて一般人でもアクセスが可能です。そしてこの島々を構成する地質を見ることができます。

　父島では枕状溶岩とよばれる火山岩がいたるところに露出します[3]（図1.3）。また母島ではハイアロクラスタイトとよばれる火山岩があります[4]。これらの成因については第2章で触れますが，いずれも海底火山の活動により形成されたもので，5,000万〜4,000万年前にかけては現在の小笠原群島付近で海底火山の活動が活発でした。火山活動は当初深海で噴火を繰り返してきましたが，小笠原海嶺の隆起により，浅海での噴火が卓越するようになりました。

　ところでこれらの火山活動により，島弧ソレアイト系列やカルクアルカリ系列とよばれる通常見られる火山岩のほかに，無人岩系列とよばれる火山岩が噴出しました。無人岩というのは，マグネシウムの含有量が高い特殊な火山岩です（2.2節参照）。無人岩という名称は小笠原の古名である無人島に由来するものであり，「むにんがん」「ぶにんがん」などとも読み，ボニナイトboniniteの名称で世界的に知られている火山岩です。父島をはじめとするボニナイトの海底火山活動は約5,000万年前の一時期に伊豆・小笠原弧からマリアナ弧にかけての広い範囲で起こった島弧火山活動ですが，現在の地球上では知られていません。ボニナイトのマグマができるためには通常の島弧とは異なる特殊な条件が必要と考えられています。こうした特殊な地学的な背景をもつ小笠原諸島は地学的な観点からも貴重なフィールドです。

1.5　小笠原諸島の成り立ち

　ここまで小笠原諸島の地形や地質に触れてきました。ところで地形は長い時間でとらえれば決して一定ではなく，変化します。小笠原諸島についてもそれはあてはまり，過去に遡ると現在とは異なる地形が広がっていました。もっとも，どの程度の年代を遡るかで異なる程度も大きく変わります。ここではプレート運動に起因する1,000万年単位での地形変化と，氷河性海面変動という数万〜数十万年単位での地形変化について触れます。

沖ノ鳥島と四国海盆

　プレート運動に関わる地形的な変化で最も目立つものはフィリピン海プレート中央部に位置する沖ノ鳥島の存在です。沖ノ鳥島をのせる九州・パラオ海嶺は伊豆・小笠原弧から西に 500 km 以上離れていますが，少なくとも約 3,000 万年前にはもともと古伊豆・小笠原弧に属しており，その後引き離されてできたものと考えられています[5, 6]。なお古伊豆・小笠原弧とは，現在の伊豆・小笠原弧と九州・パラオ海嶺が分離する前の島弧のことです。すなわち古伊豆・小笠原弧の西部で南北方向に裂け目ができ，それが広がることにより九州・パラオ海嶺が伊豆・小笠原弧から東西に離れていったと考えられています。間には四国海盆となる新しい海底が形成され，約 3,000 万〜 1,500 万年前の期間には拡大が続いていました（図 1.4c, d）。現在沖ノ鳥島は父島・母島から約 1,000 km 離れていますが，もともとはもっと近いところに位置していたわけです。

フィリピン海プレートの誕生

　海底に裂け目ができて海底が拡大するこのような現象は四国海盆だけではありません。小笠原トラフでは 200 万年前以降拡大が継続し，西之島や硫黄島をのせる硫黄列島が父島や母島をのせる小笠原海嶺から遠ざかっていきました。一方，もっと古い時代に遡ると別の拡大現象が起きていました。8,500 万年前頃（白亜紀後期）は現在の小笠原諸島が分布する場所にはまだフィリピン海プレートが存在せず，太平洋プレートにより占められていました（図 1.4a）。しかしその後太平洋プレートの南西部で沈み込みが始まり，のちに伊豆・小笠原海溝になる九州・パラオ海溝ができ，その南側にフィリピン海プレートが誕生しました（図 1.4b）。フィリピン海プレートはこの頃から南北方向に拡大し徐々に面積を広げ，現在の西フィリピン海盆に相当する海盆を形成させました。一方，3,500 万年前頃にはすでに古伊豆・小笠原弧が形成されていたようです。ただしそれらは現在の位置よりもはるかに南西に存在していました（図 1.4c）。西フィリピン海盆の拡大にともない古伊豆・小笠原弧は北東〜北に移動を進め，

3,000万年前以降は四国海盆の拡大により，九州・パラオ海嶺から切り離された伊豆・小笠原弧がさらに東に進み，現在に近い配置となりました（図 1.4d）。このように小笠原諸島の成り立ちを理解するには 1,000 万年単位の大地の挙動を知る必要があります。

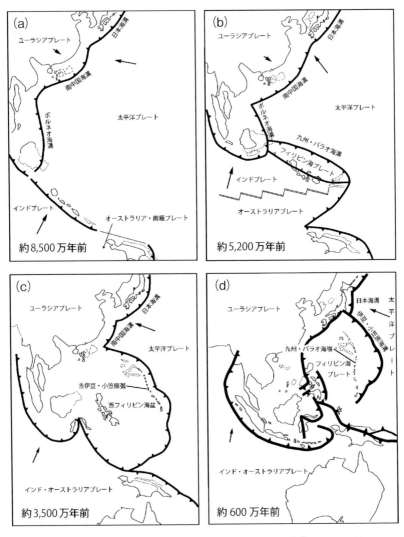

図1.4　フィリピン海プレートの成長と伊豆・小笠原弧（文献 5, 6) により作成)

寒冷期に陸続きになった島々

　今度は小さなスケールでの地形変化を見ましょう。地球は太陽のまわりを周回する公転運動をしていますが，その軌道のかたちは周期的に変化し，また自転軸に関する同期的な変化もあるため，太陽から受けるエネルギーが変化し，結果的に氷期・間氷期サイクルとよばれる気候変動が生じます。たとえば約2万年前には最終氷期最盛期がおとずれ，地球全体が寒冷化しました。このため高緯度地域で大陸氷河が拡大し130 mにも及ぶ海面の低下がありました。小笠原海嶺にのる小笠原群島周辺の海底地形（図1.5）をみると聟島列島・父島列島・母島列島周辺には大陸棚が広がっています。特に100 mの等深線はこれらの列島のそれぞれの島々を囲みますので最終氷期最盛期には陸続きになっていたと考えられます。たとえば父島列島では孫島から弟島，兄島，父島，南島まで続き，おおよそ南北に20 km，東西で10 km以下の島が出現していたと考え

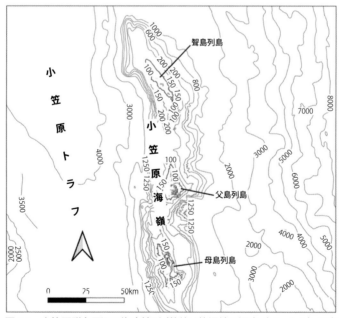

図1.5　**小笠原群島周辺の海底地形**（数値は等深線の深度（メートル），日本水路協会による海底地形デジタルデータ M7000 シリーズ（M7023 Ver.2.1 小笠原海域）と地理院地図により作成）

られます。

　陸続きになれば陸上に棲む生物の移動が容易になり，生態にも影響があったことが予想されます。現在の動植物の分布や生態を考えるうえでこのような海陸分布の変化は大変に重要です。また先程述べた 1,000 万年単位の地形変化についても同様なことがいえ，謎に満ちた太平洋西部のウナギの生態についてプレート運動から説明を試みる大胆な説もあります[7]。生物と大地の動きの関係を理解するにも小笠原諸島は魅力的なフィールドです。　　　　　　（鈴木毅彦）

■参照文献
1）Ryan, W. B. F. et al.（2009）：Global Multi-Resolution Topography（GMRT）synthesis. Geochem. Geophys. Geosyst., 10, Q03014, doi:10.1029/2008GC002332. Data doi: 10.1594/IEDA.0001000.
2）貝塚爽平ほか編（2000）：日本の地形 4　関東・伊豆小笠原．東京大学出版会．
3）海野　進・中野　俊（2007）：父島列島地域の地質．地域地質研究報告（5 万分の 1 地質図幅），産業技術総合研究所地質調査総合センター．
4）海野　進ほか（2016）：母島列島地域の地質．地域地質研究報告（5 万分の 1 地質図幅）．産業技術総合研究所地質調査総合センター．
5）Honza, E. and K. Fujioka（2004）：Formation of arcs and backarc basins inferred from the tectonic evolution of Southeast Asia since the Late Cretaceous.　Tectonophysics, 384, 23-53.
6）町田　洋ほか編（2001）：日本の地形 7　九州・南西諸島．東京大学出版会．
7）渡邊誠一郎（2006）：うなぎと地球科学．理フィロソフィア，10，8-11.

第2章 父島の地形と地質

2.1 侵食されつつある古い火山島

　父島は東京から南へ 1,000 km 離れたところにある面積 23.5 km^2，最高標高 326 m の島です（図 2.1）。周囲には父島列島に属する兄島（7.9 km^2）や弟島（5.2 km^2）をはじめ，西島，東島，南島などがあり，父島以外にはいずれも今は人が住んでいません。本章では，父島の基盤となる地質の特徴をはじめ，海岸や山地の侵食地形や砂浜などの堆積地形について説明します。

　島々の地質は大きく二つに分けられます。一つは火山噴火によって地下のマグマが海底や陸上に噴出し，陸地になったものです。父島西方の西之島新島はまさに現在形成されつつある島の典型です（2020 年現在）。もう一つは海底の泥や砂礫が固まった堆積岩や，地下深部でマグマが冷え固まった深成岩が，地殻変動で海面より高い位置まで持ち上げられてできる島です。縄文杉で有名な屋久島や，宇宙センターのある種子島などはその一例です。

　父島の地質の大部分は火山噴火によってできたものですが，現在の火山活動は活発ではありません。父島は古第三紀始新世のうち，およそ 4,800 万〜 4,400 万年前の火山活動によって形成された島です[1]。

　第 1 章で説明したように，父島列島は小笠原海嶺という古い火山フロントの基盤にのっており，今は噴火活動が見られません。数十万年から数十年の周期で噴火する日本の活火山と比較すると，すでに噴火が終了したことが想像できるでしょう。さらに，新第三紀中新世（2,300 万〜 500 万年前）には南崎付近でサンゴ礁を起源とする石灰岩が堆積しました（図 2.2 の水色）。現在は，流水や波浪による侵食作用や，山崩れや地すべりといった削剝作用によって，島の面積や体積は徐々に小さくなっている段階にあるといえます。

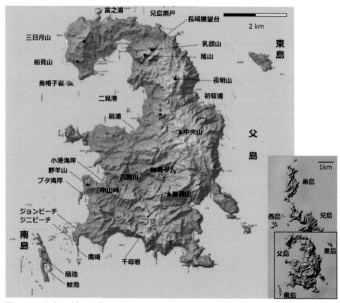

図 2.1 父島の地形（地理院地図により小松陽介作成）
右下は父島列島。

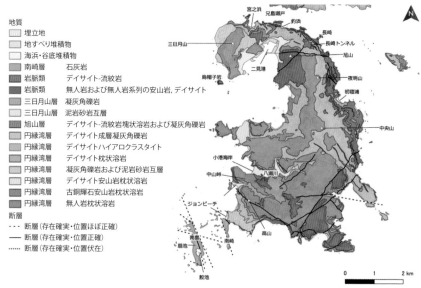

地質
☐ 埋立地
☐ 地すべり堆積物
☐ 海浜・谷底堆積物
■ 南崎層　石灰岩
■ 岩脈類　デイサイト-流紋岩
■ 岩脈類　無人岩および無人岩系列の安山岩, デイサイト
■ 三日月山層　凝灰角礫岩
☐ 三日月山層　泥岩砂岩互層
■ 旭山層　デイサイト-流紋岩塊状溶岩および凝灰角礫岩
■ 円縁湾層　デイサイト成層凝灰角礫岩
■ 円縁湾層　デイサイトハイアロクラスタイト
■ 円縁湾層　デイサイト枕状溶岩
☐ 円縁湾層　凝灰角礫岩および泥岩砂岩互層
■ 円縁湾層　デイサイト安山岩枕状溶岩
■ 円縁湾層　古銅輝石安山岩枕状溶岩
■ 円縁湾層　無人岩枕状溶岩
断層
-・-・- 断層（存在確実・位置ほぼ正確）
―― 断層（存在確実・位置正確）
・・・・・ 断層（存在確実・位置伏在）

図 2.2 父島の地質図（地質図[1]により岡本　透作成）

地質学で使われる岩石の名称は，SiO_2 や，Mg や Fe の含有量に基づく化学組成，輝石や長石などの含有量に基づく鉱物組成で分類されるほか，粒子の大きさや産状によって分類されます。さらに，岩石が形成された地質年代も重要です。以下に，父島に見られる特徴的な岩石をいくつか紹介します。

無人岩（ボニナイト）

鉱物組成から見たときに，父島で見られる特徴的な岩石の一つが無人岩（ボニナイト）です[1]。一般的な火山岩には斜長石という鉱物が含まれますが，無人岩にはそれが含まれていません。そのうえ，隕石以外の岩石には含まれない単斜エンスタタイトが含まれており，暗緑色の古銅輝石からなるきわめてめずらしいガラス質の岩石なのです。この岩石は，地球の表面を覆う地殻より深い部分にある，上部マントルという場所で形成されたと考えられており，プレートの進化を考えるうえで貴重な情報をもたらします。図 2.2 の地質図では無人岩は深緑色で示されています。橙色で示されるデイサイト枕状溶岩などがあとから噴出して覆っているので，父島の東側に細長く露出しています。

枕状溶岩とハイアロクラスタイト

父島の岩石には，海底噴火の痕跡となる枕状溶岩やハイアロクラスタイト（水中破砕石）が見られます。海底火山が噴火する，もしくは地上の火山噴出物である溶岩が海中へ流れ込むと，海水と接触した溶岩の表面は急激に冷却されます。高温の溶岩やマグマは陸上や地下深くでは時間をかけて大きな結晶を生成しながら冷却されます。一方，水中で急冷されるときわめて小さな結晶になるか，あるいは結晶構造をもたないガラスになります。ガラスというのは身のまわりにある窓やコップの素材と基本的には同じで，主として SiO_2 から構成されています。

水中で溶岩の表面が固結したあとも内部は高温状態で粘性を保っているため，溶岩が供給され続けると，その圧力で表面の硬い殻状のガラス部分を突き

図 2.3　小港海岸の枕状溶岩（2019 年 9 月，小松陽介撮影）
写真にうつる崖の高さは約 2 m。

破り，海中へ溶岩が絞り出され新しくチューブ状に固まります。この現象を繰り返すことによって細長い円形から楕円形の断面構造が次々と積み重なります。このように，枕を積み重ねたような構造をもつ岩石は枕状溶岩とよばれ，小港海岸の海食崖や中山峠の斜面などで観察できます（図 2.3）。小港海岸の枕状溶岩は黒色の急冷縁が侵食されにくいため，内部の黄褐色に変色した中心部分がへこむように差別侵食されています。

　枕状溶岩は，一般的にはハワイ島などで噴出する SiO_2 の少ない玄武岩に見られる構造ですが，父島では無人岩や安山岩やデイサイトでも見られます。一方で，SiO_2 含有量が多い安山岩質溶岩やデイサイト質溶岩は粘性が高く，火山ガスが抜けないまま高圧状態で閉じ込められています。水と接触すると激しく爆発的に反応することから，角が鋭く尖った岩石の破片からなるハイアロクラスタイトになる場合もあります。これらは層相から火山角礫岩や凝灰角礫岩などともよばれます（図 2.2 中の薄緑色部分）。

日本のサンゴ礁の北限と石灰岩

　南洋の島を説明するうえで欠かせないのがサンゴ礁です。サンゴは海水温が高く，濁りのない澄んだ水で，日光の届くような浅い海に生息する生物で，満月の夜に一斉に産卵することなどでも知られています。堅い骨格部分が積み重

なると礁をつくります。太平洋の平均水深は約 4,000 m と深いため，サンゴは生育できませんが，噴火活動により水深の浅い海域ができると，島の海岸線に沿ってサンゴが生育するようになります。小笠原諸島はサンゴ礁が生育する北限にあたり [2]（図 1.1 参照），二見港や宮之浜をはじめ，父島のいたるところでサンゴ礁が見られます。ダイビングやシュノーケリングをしなくとも，海面の反射光を遮る偏光サングラスがあれば，高台から海底をのぞき込むだけでも観察できるでしょう。

　海中で形成されたサンゴ礁が地殻変動によって水面から現れたものを，隆起サンゴ礁とよびます。また，隆起サンゴ礁を含め，地層の一部となった岩石を石灰岩，とくに変成作用を受けた岩石を大理石とよびます。一般的に，石灰岩はセメントの原料のほか乾燥剤などにも広く利用されています。

2.3　父島の地形

山地の侵食地形

　父島の地形図を俯瞰すると，平野が少なく大部分を山地斜面が占めることがわかります。図 2.1 によれば，中央山から夜明山にかけて分布する脊梁山脈は島の東側に偏っており，八瀬川などの主な河川は西流しています。

　亜熱帯や熱帯に属する地域では，岩石中に含まれていた鉄の成分が地下水に含まれる酸素と結びつく赤色風化作用が進行しており，地中で赤褐色の酸化鉄が形成されます（図 2.4）。岩石が風化し岩盤を支える強度が弱くなると，大雨によって山崩れが発生し山の斜面は削剥されていきます。流水が河床や斜面下部を侵食することによって斜面は不安定になり，山崩れが繰り返し発生してきました。山地斜面は下部ほど急傾斜になっており，下方侵食が進んでいると考えられます。

　一方で，山頂に目を向けると，標高が約 200 〜 250 m と比較的そろっている小起伏面が存在します（図 2.1）。通常の侵食作用が進行すると山頂に小起伏面は形成されません。かつて波の作用によって海食台や波食棚などの平坦な地

図 2.4　父島診療所横の赤色風化作用を受けた岩石の露頭（2019 年 9 月，小松陽介撮影）

形面が形成された後に現在の標高まで高くもち上げられ，侵食されずに取り残された可能性があるのです。平均隆起速度を 0.01 m/100 年と仮定すると，200 万〜 250 万年前の海底地形であると計算もできますが[3]，詳しいことはまだ解明されていません。

三日月山・船見山の地すべり地形

　海岸侵食によって落石や表層崩壊がときおり起こりますが，より規模の大きな山の一部が塊状のブロックとなってすべり落ちる地すべりという現象もまれに発生します。父島北西部にある三日月山や船見山の北斜面では垂直に切り立った滑落崖があり，その下に不規則な凹凸をもつ地すべりブロックを観察できます（図 2.5）。

　もともと沖にあった離れ小島が，三日月山地すべり発生後には島の周辺海底とともに隆起して陸続きとなりました[4]。年代測定の結果によると，地すべりは約数千〜 1,000 年前に発生したと推測されています。

八瀬川沿いの堆積地形

　父島の中央付近から島西部の小港海岸に流れる八瀬川は小笠原諸島最大の流域面積を有する河川です。その流域に設置されたのが時雨ダムです。1976 年に竣工された最大貯水量 10 万 m³ のダムで，父島の貴重な水資源となっていま

図 2.5　船上から見た三日月山地すべり（2019 年 9 月，小松陽介撮影）

す。

　時雨ダムの下流には，八瀬川沿い上流からの土砂が堆積してできた沖積低地が分布します。かつて小笠原諸島で唯一稲作が行われていましたが，現在は利用されていません。八瀬川河口がある小港海岸では，北から南に向かう沿岸流によって八瀬川河口に形成された砂州があり，河口の位置を移動させるような地形になっています。砂州は最大約 7 m の高まりとなっており，海からの風によって砂が吹き上げられたと考えられます。

海食崖

　火山島では，火山噴出物により島の面積を増やすことと，様々な侵食作用で面積を減じることのせめぎ合いが絶えず起こっています。火山活動や隆起が収まると，風雨や波浪・潮流などによる侵食作用が強まり，火山島は水流に刻まれ，海岸線は波浪などで削られ海食崖が形成されました。千尋岩をはじめ，父島の南部から東部にかけて海食崖が続き（図 2.6），海食崖の直下には大小の落石を見ることができます。また岩石海岸では海水面と同じ高さかやや低い位置に侵食作用によってできた平坦な波食棚や海食台も見られます。

　河川上流部分が反対側から海食作用により消失し，低い峠状になったウィンドギャップ（風隙）という地形が存在することも，父島が侵食作用により小さくなっている証拠です。

図 2.6　船上から見た千尋岩（2019 年 9 月，小松陽介撮影）

砂浜

　父島にはいくつもの浜があります。一般的には海水浴を楽しむ砂浜が知られていますが，粒子の大きな礫浜も存在します。父島では扇浦や小港海岸は砂浜ですが，ブタ海岸でも八瀬川河口から離れた海岸や釣浜では礫浜になっています（図 2.7）。比較的大きな河川の河口などでは砂浜が，山崩れや海食崖の周辺では礫浜が分布する傾向があります。

　砂浜の色も多様です。ジョンビーチやジニービーチに特徴的な白い砂は，サンゴや貝殻の破片がもととなっており，一方，黒い砂は溶岩の岩片のほか，普通輝石，シソ輝石，磁鉄鉱の粒子から構成されていますので，明るいところでルーペを使って観察してみましょう。鶯砂とよばれる薄緑色の砂浜も特徴的です（図 2.8）。砂をルーペで観察すると，薄緑色の透明な粒子が古銅輝石の結晶です。ルーペで拡大してみるともとの結晶の形がわかるものもありますが，多くは波の影響で円磨されて角が丸くなっています。

南島周辺の沈水カルスト

　父島南西部の南崎から南島にかけて撮影された空中写真を見ると，海底に円形の凹地が沈んでいることがわかります（図 2.9）。これらは，石灰岩に雨水が

図2.7　ブタ海岸の礫浜（2019年9月，小松陽介撮影）

図2.8　釣浜の鶯砂（2019年9月，小松陽介撮影）
左右の長さは約35 mm。

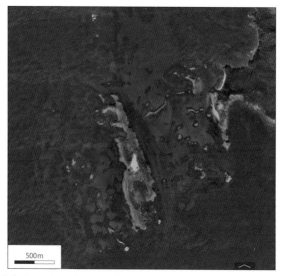

図2.9　南島とその周辺に見られる沈水カルスト（地理院地図の空中写真より引用）
写真の上方が北。

降り注ぎ，地下水が浸透する過程で石灰岩を溶かしてできたドリーネとよばれる凹地です。かつて陸上に石灰岩が露出していたときに，雨水による溶食作用で形成されたドリーネが，その後の海水準上昇にともない水没したと考えられています。石灰岩に独特な地形をカルスト地形とよび，特にこのような地形を沈水カルストとよびます。

　海水準は1.5節「小笠原諸島の成り立ち」で触れたように，地球が冷涼な時

期には低くなり，温暖な時期には高くなります。ドリーネの形成年代は詳しくわかっていません。石灰岩が形成されたあと，更新世の海面低下期（氷期）に陸上でドリーネが形成され，その後ヒプシサーマルとよばれる約 7,000 年前の温暖期にかけて海水面が上昇し，沈水したと考えられます。

津波の記録

父島では文書に記録されたものだけでも 10 回以上の津波が確認されています[5]。1923 年の大正関東地震や 1944 年の東南海地震では最大遡上高はそれぞれ 1 m と 3 m，1960 年のチリ地震では約 5 ～ 6 m に達したと推定されています。また，1854 年の安政東海地震では二見港の海水が残らず引きました。2011 年の東北地方太平洋沖地震（東日本大震災）では 1.8 m を記録しました[6]。一般的に津波は入江の奥で波高が高まることが知られており，父島では二見港での被害が最も大きいようです。万一に備え高台への避難ルートを確認して，自然観察を楽しんでください。

（小松陽介・岡本　透）

■参照文献
1) 海野　進・中野　俊（2007）：父島列島地域の地質．地域地質研究報告（5 万分の 1 地質図幅）．産業技術総合研究所地質調査総合センター.
2) サンゴ礁地域研究グループ編（1990）：日本のサンゴ礁地域 1　熱い自然－サンゴ礁の環境誌－．古今書院.
3) 貝塚爽平・堀　信行（1968）：地形と地質．小笠原諸島調査報告書，15-38.
4) 田村俊和・今泉俊文（1981）：陸上の地形．小笠原諸島自然環境現況調査報告書（2），70-84.
5) 都司嘉宣（2006）：小笠原諸島の津波史．歴史地震，21，65-79.
6) 東京都総務局復興支援対策部（2015）：東日本大震災東京都復興支援総合記録誌.

母島は，父島から南に約 50 km に位置しています。天気が良ければ，父島から母島を眺めることができます。父島二見港から母島沖港までは，ははじま丸による船旅で 2 時間ほどかかります。

3.1 母島の地質

母島の地質を，最近発行された地質図[1]（図 3.1）を参考にして解説してみます。母島の火山活動は，父島の火山活動よりも遅れて 4,500 万年前の浅い海の海底で始まりました。その後の噴火活動で火山体が大きくなって火山島となり，一部が陸化して陸上噴火が生じました。母島と父島の地質の大きな違いは，父島に分布する無人岩が母島には分布しないこと，父島には分布しない陸上噴火の堆積物が母島には分布することです。母島の地質は，不整合（侵食面）により，下位から東台層，西浦層，石門層の三層に分けられています。それらは主に，東台層が北部，西浦層が中部，石門層が中部から南部に分布しています。

水中噴火を示す東台層

東台層は溶結した火砕岩とハイアロクラスタイトから構成され，岩石の年代測定から 4,500 万〜 4,300 万年前頃に形成されたと考えられています。ハイアロクラスタイトや水冷した降下火砕岩の存在が示すように，東台層は水中噴火の噴出物が海底に堆積したものが主体となっています。父島から母島に向かうははじま丸の船上から初めて目にする岩石が，海食洞のある鬼岩や母島最北端の乾崎の海食崖に露出する東台層のハイアロクラスタイトです（4.2 節参照）。東台層最下部となる溶結した火砕岩は，長浜までの比高差 200 m ほどもある海食崖でしばらくの間船上から観察することができます。また，都道 241 号線の最北端である北港の両岸には，破砕した岩脈に岩脈が繰り返し貫入したシート状の岩脈群を観察することができます。

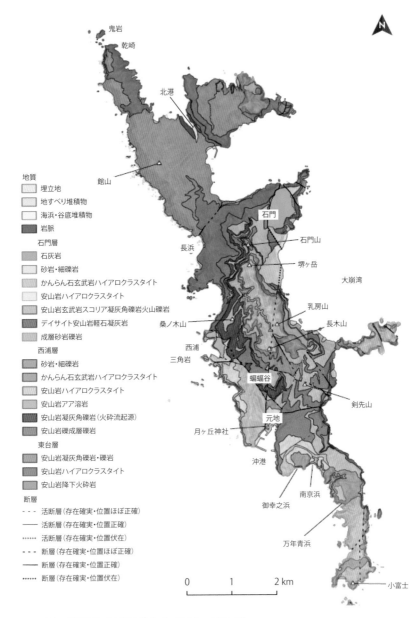

地質
- 埋立地
- 地すべり堆積物
- 海浜・谷底堆積物
- 岩脈

石門層
- 石灰岩
- 砂岩・細礫岩
- かんらん石玄武岩ハイアロクラスタイト
- 安山岩ハイアロクラスタイト
- 安山岩玄武岩スコリア凝灰角礫岩火山礫岩
- デイサイト安山岩軽石凝灰岩
- 成層砂岩礫岩

西浦層
- 砂岩・細礫岩
- かんらん石玄武岩ハイアロクラスタイト
- 安山岩ハイアロクラスタイト
- 安山岩アア溶岩
- 安山岩凝灰角礫岩（火砕流起源）
- 安山岩礫成層礫岩

東台層
- 安山岩凝灰角礫岩・礫岩
- 安山岩ハイアロクラスタイト
- 安山岩降下火砕岩

断層
- - - 活断層（存在確実・位置ほぼ正確）
—— 活断層（存在確実・位置正確）
····· 活断層（存在確実・位置伏在）
- - - 断層（存在確実・位置ほぼ正確）
—— 断層（存在確実・位置正確）
····· 断層（存在確実・位置伏在）

0　1　2 km

鬼岩
乾崎
北港
館山
石門
石門山
堺ヶ岳
大崩湾
長浜
乳房山
長木山
桑ノ木山
西浦
三角岩
蝙蝠谷
剣先山
元地
月ヶ丘神社
沖港
南京浜
御幸之浜
万年青浜
小富士

図 3.1　母島の地質図（地質図[1]により岡本　透作成）

陸上噴火の証拠をもつ西浦層

　西浦層の主体はハイアロクラスタイトと礫岩ですが，陸上噴火である火砕流堆積物とアア溶岩を挟在するのが特徴です。下位の東台層と上位の石門層との関係から，西浦層は 4,300 万〜 4,100 万年前頃に形成されたと考えられています。火砕流堆積物は西浦から桑ノ木山にかけての都道 241 号線沿いや乳房山登山道から乳房ダム周辺にかけての露頭で観察することができます。また，沖港東岸には，火砕流が海に流れ込んで土石流堆積物となったものが分布し，ははじま丸の入出港のときに船上から観察することができます。一方，アア溶岩もははじま丸の船上から観察することができます。三角岩から蝙蝠谷にかけての海食崖の海面近くに見える褐色と黒色をした層が積み重なったミルフィーユのような層がアア溶岩です（図 3.2）。

化石を含む石門層

　石門層は，礫岩，ハイアロクラスタイトや火砕物などの火山噴出物，化石を含む砂岩などから構成され，北部では東台層，中部から南部では西浦層を覆っています。母島の地質の最上位となるのが，石門や元地に分布する石灰岩です。石門層は，下位の二層と比べると貨幣石に代表される生物化石を多く含む堆積岩類が多いことが特徴であり，有孔虫化石の年代などから 4,100 万〜 3,400 万年前頃に形成されたと考えられています。石門層下位の凝灰岩やハイアロクラスタイトは島の西側に主に分布しています。礫岩，砂岩，石灰質砂岩には，貨幣石のような大型有孔虫が多く含まれていて，御幸之浜の海食崖やロース石採石跡地で観察することができます（図 3.3）。御幸之浜では海食崖だけではなく崩落した礫岩にも目を向けると，直径 4 cm ほどもある貨幣石の大きさを実感することができます（図 3.4）。産出する有孔虫の種類から，浅い海からやや深い海へと堆積環境が変化したと考えられています。

　一方，活発な火山活動は続いていて，その痕跡であるハイアロクラスタイトを御幸之浜〜南京浜〜万年青浜にかけての海食崖と海面近くで観察することができます（図 3.3）。母島の最上位である石灰岩は，火山噴出物をほとんど含ま

図3.2　ははじま丸船上から眺めた蝙蝠谷付近から乳房山山頂（2019年9月，岡本　透撮影）
写真中央に写る海食崖の海面近くに陸上噴火したアア溶岩が積み重なっているのが見える。

図3.3　御幸之浜の含貨幣石砂岩と礫岩（2019年9月，岡本　透撮影）
汀線付近の黒色の石はハイアロクラスタイト。

図 3.4　御幸之浜の転落した含貨幣石礫岩（2019 年 9 月，岡本　透撮影）
五百円硬貨よりも大きな無数の貨幣石を観察できる。

ないため，火山活動が終息した静穏期に堆積した礁性石灰岩であると考えられています。大きな石灰岩体は北東部の石門に分布しています。乳房山山頂の展望デッキからは，石門の急斜面に東台層のハイアロクラスタイトを不整合に覆う石門層の礫岩，成層砂岩礫岩，石灰岩という層序関係を観察することができます。石灰岩最下部は，元地の月ヶ丘神社や三角岩に小さな岩体があるため，徒歩やははじま丸の船上から観察することができます（4.2 節参照）。

3.2　CS立体図にみる母島の地形

CS 立体図は特別な知識が無くても，地形判読を簡単にできるように開発された立体図法です[2]。「CS」は曲率（curvature）と傾斜（slope）の頭文字をとったものです。これまでは専門家が地形図の等高線を読み取り，標高，傾斜，曲率などに基づいて地形分類図などを作成していましたが，GIS ソフトを用いることで地形分類図に近い CS 立体図を簡単に作成することができるようになりました。近年は山地防災の分野での CS 立体図の活用が進んでいます。

図3.5 母島の CS 立体図（岡本　透作成）

　CS 立体図では，標高が高い場所を黒色，低い場所を白色で示しています。赤色が凸地，青色が凹地を示しています。また，その色が濃いほど，傾斜が急であることを示しています。こうした基本を頭に入れておけば，CS 立体図を見るだけで直感的に地形を把握することができます。ここでは，国土地理院が提供している 10 m メッシュの数値標高モデル（Digital Elevation Model：DEM）をダウンロードして，母島の CS 立体図を作成しました（図 3.5）。

海食崖に囲まれた母島の地形

　それでは，CS 立体図を眺めながら，母島の地形の特徴を読み取ってみましょ
う。母島が北北西–南南東方向に細長い島であることは一目でわかります。ほとん
どの海岸が，濃い色をした急傾斜の海食崖で構成されているのが特徴的です。中
でも島の北部に位置する西台の西岸と中部東岸の大崩湾の急崖がひときわ目立
ちます。侵食に強い溶岩類は高い海食崖を形成しやすいと考えられています[3]。
大崩湾にはその名のとおり，稜線部近くに滑落崖をもち，移動体がそのまま海に
続く大規模な地すべりが複数あります（図 3.6）。一方，母島の南部では，東岸は
急傾斜で比高差のある海食崖が分布していますが，西岸の海食崖は比高差 20 m
程度で薄い色で表されています。薄い青色で示される沖積低地や浜は，複数の谷
が集まる元地に比較的広いものが認められますが，小規模なものがほとんどで
す。

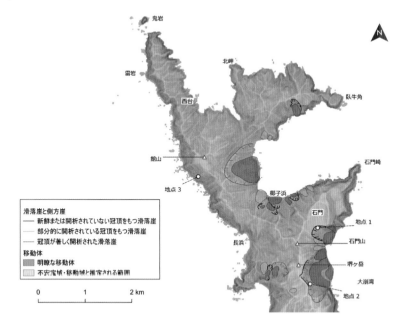

図 3.6　母島北部の CS 立体図（岡本　透作成）
地すべり地形の分布と区分は国立研究開発法人防災科学技術研究所が公開している
「1：50,000 地すべり地形分布図」GIS データを使用した。

母島の稜線は，赤色で示される凸型斜面で縁取られて白く浮き上がって見え，筋状に細く連なっています。このうち島の長軸方向にのびる主稜線は，北部の西台では西に偏っていますが，長浜～椰子浜以南では東側に偏っています。中央部にある堺ヶ岳や乳房山のピークは侵食に強いハイアロクラスタイトや溶岩から構成されています。やや濃い青色で示される谷の向きも，稜線の位置に合わせて北部では南西から北東，中央部以南では北東から北西，あるいは東から西に発達しています。このうち元地と西浦に流れ下る谷の谷壁は濃い赤色をしており，急斜面の深い谷であることがわかります。また，母島北中部は濃い色をした急傾斜地が多いのに対して，静沢，評議平以南の南部は海食崖を除くと全体的に薄い色をしており，大部分が緩傾斜地であることがわかります。

石灰岩がつくる特徴的な地形

急傾斜地が多い母島北部から中部にも，比較的起伏の少ない，高さのそろう場所があります。小笠原諸島の最高峰である乳房山と，堺ヶ岳の山頂直下の標高 400 m 付近には，薄い色をした場所がまとまって認められます。もう少し高度を下げた標高 250 ～ 300 m では，北から順に館山，桑ノ木山，長木山，剣先山の北側周辺に薄い色をした場所が分布しています。これらは小起伏面であると考えられています[3]。また，中東部に位置する石門山の東側には，三段の平坦面が認められます（4.2 節参照）。これらの平坦面は石門層の石灰岩に主に形成されていて，標高の高いものから上の段，中の段，下の段とよばれています。上の段には，石門層と下位の西浦層との境界である断層に沿うように，南北に細長い閉じた凹地であるドリーネが発達しています。上の段には鍾乳洞が確認されています。上の段と中の段，下の段とを分ける急傾斜の斜面には，鋭く尖った石灰岩（ピナクル）が露出しており，その形状から針の岩とよばれています。炭酸カルシウムを主成分とする石灰岩は酸性の水に溶けやすいという特徴があります。このため，侵食作用としては溶食が卓越し，石門に見られるドリーネやピナクルのような独特の地形が発達します。石灰岩地域に見られる独特の地形はカルスト地形とよばれています。

母島の海成段丘と活断層

　一方，母島南部は全体的に緩傾斜となっていて，標高約 60 〜 100 m に高さのそろった平坦面が分布しています。これらの平坦面は，主に石門層の砂岩，礫岩上に発達し，海成段丘であると考えられています [1, 3]。また，評議平にある北東から南西方向の谷は，図 3.1 の赤い破線で示した活断層に沿ってのびていて，南側の平坦面が相対的に高くなっています [3]。

　ここまで述べてきた母島の地形の特徴は，ははじま丸の船上や母島最高峰の乳房山からの眺望で観察することができます。ははじま丸の船上から蝙蝠谷，乳房山方面を見上げると，急峻な海食崖の直上に標高 100 m の段丘状平坦面，そこから徐々に標高をあげた長木山周辺にある標高 300 m 付近の小起伏面，ピーク直下の比較的高さのそろった標高 400 m の稜線，北側には山を深く刻む西浦の谷を観察でき，母島の地形の特徴がよくわかります（図 3.2）。一方，乳房山の展望デッキからは，北側にある大崩湾の長さ 1 km にわたる巨大な馬蹄形滑落崖を観察することができます（4.2 節参照）。また，乳房山の稜線や標高 350 m 付近にある休憩所からは，東から西に緩く傾斜した起伏の少ない評議平以南の平坦面を観察することができます（図 3.7）。

3.3　形成年代のわかる母島の新しい地形

　母島を構成する地質については，分布や年代が詳しく調べられ，地質図としてまとめられました [1]（図 3.1）。これに対して，初めて本格的な地形学的調査が行われた 1968 年以降，地形分類はこれまでに何度も行われてきましたが，小起伏面，平坦面，地すべりなど，分類された地形の形成年代については未解明のままです [3, 4]。その理由は，年代を決めることができる堆積物がまだ見つかっていないからです。

　形成年代がわかる地形としては，近年発生した斜面崩壊が挙げられます。1997 年 11 月 7 日に母島南方を通過した台風 25 号に伴う豪雨によって，石門山の東側から石門上の段の南にかけて斜面崩壊が発生しました（図 3.6 の地

図3.7　乳房山の休憩所から見た母島南部の地形（2019年9月，岡本　透撮影）

点1）[5]。石門層の石灰岩および西浦層の安山岩部分が崩壊し，その総面積は約12 ha でした。この崩壊で形成された滑落崖およびその直下の崩壊堆積物を乳房山山頂の展望デッキから見ることができます（4.2節参照）。崩壊の発生から20年以上が過ぎた現在は，崩壊堆積物は植生の緑に覆われつつあります。一方，滑落崖の直下では巨大な石灰岩の岩塊がむき出しのままになっているため，依然として不安定な状態であると考えられます。

　また，もっと最近に発生した斜面崩壊は，Google Earth などの GIS ソフトの機能を使って時間をさかのぼって衛星画像を確認することにより，その発生時期をある程度推測することができます。その一つが，堺ヶ岳と乳房山の中程にある崩壊です。大崩湾に面する巨大な滑落崖の一部（図3.6の地点2）が崩落し，その直下に植生の無い部分が筋状にのびています。衛星画像から2008～2009年の間にこの崩壊が発生したことがわかりました。2010年の Google Earth の画像には滑落崖直下に崩落した巨大な岩塊が写っています。乳房山付近は霧がかかることが多いため，崩壊発生後の経過を連続して追うのは難しいのですが，2013年には裸地の長さは最大で200 m ほどありました。植生が回復しつつある現在は，裸地の幅と長さはそれぞれ20 m，90 m 程度と小さくなっています。

図 3.8　西台館山直下にある新しい斜面崩壊（2019 年 9 月, 岡本　透撮影）

　ははじま丸の船上からは, 西台館山の直下に植生のまったく無い, 新しい崩壊地を観察することができます（図 3.8, 図 3.6 の地点 3）。衛星画像からこの斜面は 2011 ～ 2012 年の間に崩壊したことがわかりました。崩壊を発生させた要因としては, 豪雨をもたらす母島の近くを通過した台風あるいは気圧配置の影響が考えられます。この地点のさらに古い空中写真を調べてみると, 1947 年に米軍が撮影した写真では樹木がなく, 崩壊跡地のように見えます。一方, 1956 年に撮影された写真では植生が回復してきていますが, 二筋の崩壊跡が筋状に写っています。これらのことから, この場所は何度も崩壊を繰り返しているようです。

（岡本　透・小松陽介）

■参照文献
1）海野　進ほか（2016）：母島列島地域の地質. 地域地質研究報告（5 万分の 1 地質図幅），産業技術総合研究所地質調査総合センター.
2）戸田堅一郎（2014）：曲率と傾斜による立体図法（CS 立体図）を用いた地形判読. 森林立地, 56, 75-79.
3）今泉俊文（2000）：小笠原群島の島々. 貝塚爽平ほか編, 日本の地形 4　関東・伊豆小笠原. 東京大学出版会, 286-291.
4）貝塚爽平・堀　信行（1968）：地形と地質. 東京都小笠原諸島学術調査団：小笠原諸島調査報告書, 15-38.
5）吉田圭一郎（1998）：1997 年 25 号台風による小笠原諸島母島石門地域の斜面崩壊について. 小笠原研究年報, 22, 1-6.

第4章 小笠原の地形と地質をめぐる エクスカーション

おがさわら丸からの眺めと三日月山

　小笠原群島における地形や地質の観察は，父島入港前のおがさわら丸から始めましょう。父島列島の島々は山がちで平地が少なく，島の周囲は場所によって高さ100 mを超える海食崖に囲まれています。父島北西端の三日月山には，明瞭な滑落崖と移動した土塊による堆積地形が組み合わさった典型的な地すべり地形を観察できます。また，父島二見湾の入口にある烏帽子岩の側面には丸みを帯びた特徴的な亀甲模様が見られます。これは，無人岩枕状溶岩の断面で，兄島瀬戸に面した宮之浜や釣浜にもあります。

　父島の集落からは舗装道路によりウェザーステーション展望台へ行けます。この展望台は地すべり地形の滑落崖の直上にあり，移動した土塊による小起伏のある地形を上から眺められます。駐車場の奥には三日月山展望台への遊歩道の入口があります。遊歩道の途中では，ほぼ垂直の滑落崖を間近で観察することができ，新しく崩れた跡やひび割れた岩壁など，ダイナミックな地形形成の様子がうかがえます。三日月山展望台からは二見湾が一望でき，二見湾内のサンゴ礁や野羊山を眺めることができます。

夜明道路周辺

　父島東部を南北に通る夜明道路には地形・地質の観察ポイントが多いです。二見湾沿いから夜明道路を登ったところで左手前に入った電信山線歩道の入口に長崎展望台があります。長崎展望台からは，兄島瀬戸のすばらしい景観が楽しめるほか，起伏の少ない兄島の平坦な地形や兄島南側の海食崖を見ることができます。眼下には長崎周辺に形成されたサンゴ礁も観察できます。

　夜明道路のループトンネルの出口には，古銅輝石安山岩の枕状溶岩の露頭と

その説明板があります。父島の稜線に上がると旭山と乳頭山に向かう歩道の入口があり，およそ 20 分（標高差 60 m）で旭山山頂に行けます。旭山の山頂付近は石英流紋岩とハイアロクラスタイトが積み重なっており[1]，侵食が進んだ痩せ尾根となっています。旭山山頂からの眺望はとてもすばらしく，二見湾を眼下に一望できます（図 4.1）。

夜明山の駐車場から 5 分ほど歩くと初寝浦展望台があります。父島の稜線の東側には，東平とよばれる比較的起伏がゆるやかな地形面が広がっているのが概観できます。海岸側は高さ 200 m を超える海食崖となっており，強い雨が降ると海食崖には複数の滝ができます。海岸沿いには，マグマが冷え固まってできた岩脈が南東から北西方向にのびている様子を見ることができます。下の初寝浦の海岸には初寝浦歩道を 1 時間ほど歩くと行くことができ，風化に強い頑火輝石（古銅輝石）のたくさん集まった「鶯砂」による砂浜があります。

中央山の山頂へは夜明道路沿いの入口から 20 分ほど歩いて行くことができます。標高 319 m の山頂にある展望台からは，吹割山や連珠谷など，父島南西側の侵食が進んだ急峻な地形が眺められます。夜明道路を下ると，亜熱帯農業センターを経て扇浦に出ます。二見湾内には，扇浦や境浦のような砂浜が発達し，海水浴やシュノーケリングを楽しめます。

図 4.1　旭山山頂からの二見湾の眺め（2019 年 9 月，吉田圭一郎撮影）

父島海岸線歩道（小港〜高山〜南崎）

　小港から南崎まで行く父島海岸線歩道では，山歩きを楽しみながら地形や地質を観察できます。出発点となる小港海岸は父島最大の砂浜で，汀線から砂丘までの典型的な海浜地形が見られます。小港海岸の北側と南側では，古銅輝石安山岩による枕状溶岩の断面を間近で観察でき，ガラス質の黒っぽい岩石からなる枕の外側と，風化が進み茶色くなった内部のコントラストが明瞭です。

　小港海岸を河口にもつ八瀬川は小笠原諸島で最大の流域面積をもつ河川です。下流域には上流から運ばれた砂礫が堆積した沖積低地が見られ，河道は蛇行しています。八瀬川を渡り，歩道を高さ 100 m ほど登ると中山峠に到着します。中山峠からは，小港海岸から八瀬川流域やブタ海岸を含む南袋沢の地形を展望することができます。中山峠から続く尾根上にはデイサイトの枕状溶岩からなる黒っぽい岩肌が目立ちます。中山峠を下ったブタ海岸周辺には，古銅輝石安山岩を挟んだ黄褐色の砂岩泥岩互層が露出しています。この地層はかつて父島東部で起きた爆発的噴火とともに流れ下った土石流と考えられています[1]。

　ブタ海岸から少し進んだ分岐から，急傾斜の登山道を 20 分ほど登ると高山の山頂に行けます。高山からは，南袋沢から衝立山にかけての眺望が開けています。また，南崎から南島にかけての沈水カルストの全景を観察することができます（図 4.2）。高山の尾根沿いに南に進むと展望台があり，父島の南側の海

図 4.2　高山山頂からの南崎と南島周辺の沈水カルスト地形（2015 年 7 月，吉田圭一郎撮影）

食崖を横から見ることもできます。歩道の終点である南崎の地質は石灰岩であり，ドリーネなどのカルスト地形が形成されています。南崎にあるジョンビーチやジニービーチは，サンゴ片や有孔虫の遺骸などからなる石灰質の美しい白浜であり，ジョンビーチの波打ち際には炭酸カルシウムのセメント作用により固結したビーチロックが形成されています。

　父島海岸線歩道は往復6〜7時間の中級者以上向けのコースです。ただ，石灰岩が作り出した美しい沈水カルストを高い視点から見ることができる父島唯一のルートなので，興味のある人は是非訪れてみてください。

南島

　南島は石灰岩でできていて，島全体がカルスト地形になっています。多くの観光客が上陸する鮫池はドリーネで，露出している石灰岩は雨水で溶食されて，カレン（ラピエ）とよばれる溝ができ，先の尖った微地形となっています。南島中央にあるドリーネの扇池はサンゴ片や有孔虫の殻などによる白い砂浜に囲まれており，石灰岩のアーチをくぐって外海から波が打ち寄せるその様子は，南島の美しい景観を彩っています（図4.3）。扇池東側の砂丘には古い土壌が埋もれており，ヒロベソカタマイマイなど陸産貝類の化石が見つかります。これらは，かつて南島が森林に覆われていたことを物語っています。こうした貴重な南島の自然環境を守るため，現在では入島する人数に上限を設けるなどの適正な利用のルールが定められています（第17章参照）。

図 4.3　南島・扇池の景観（2005年8月，吉田圭一郎撮影）

4.2　母島

ははじま丸からの眺めと沖村

　母島の地形や地質についての観察も，母島へ向かうははじま丸の上から始め
ましょう。海岸から標高400 mを超える稜線まで急斜面が続く母島の険しい山
なみが観察できます。母島西岸の海食崖には，安山岩質溶岩，火砕流堆積物，
貨幣石を含んだ砂岩や礫岩などが積み重なった様子を見ることができます。

　ははじま丸が到着する沖村は，大谷川や玉川が形成した幅の狭い沖積低地に
位置しています。沖村の南にある月ヶ岡神社の小山は石灰岩でできており，清
見が岡鍾乳洞は見学ができます。沖村の一番奥にはロース石とよばれる石灰質
砂岩を採石した跡地があります。ロース石を使ったロース記念館が建てられて
おり，かつての生活用品などが展示されています。

乳房山

　母島最高峰の乳房山（標高462 m）には登山道が整備されており，片道2〜
2.5 時間で登頂できます。西ルートの登山道には見晴らすことができる箇所が
数カ所あり，沖村から乳房山にかけての急峻な地形を展望できます。標高
350 m 付近にある休憩所からは南崎方面を望め，母島南部の起伏の少ない丘陵
状の地形を眺められます。乳房山の山頂には1〜2人が立つことのできる展望
デッキがあり，大崩湾を囲む高さ400 m 近くの海食崖を一望することができ
ます（図 4.4）。

　大崩湾周辺には新しい斜面崩壊の跡も見られ，現在もなお海食崖が後退しつ
つあることがわかります。乳房山を含む母島の大半は安山岩からなりますが，
乳房山の登山道沿いには露頭が少なく，残念ながら地質の観察に適した場所は
ほとんどありません。

図 4.4　乳房山山頂から見た大崩湾と石門（2019 年 9 月，吉田圭一郎撮影）

石門

　石門へは東京都認定ガイドが同行することで訪れることができます。石門への登山道の入口は，母島を南北に縦断する道路沿いにあります。急な登山道を150 m ほど登ると稜線に到達でき，分岐から行く堺ヶ岳山頂からは乳房山に連なる母島の稜線と大崩湾の海食崖が見られます。堺ヶ岳からは母島東岸の急な斜面を横切り，石門山を経由して石灰岩台地の石門へ行けます。登山道の途中からは，石灰岩台地の断面を観察することができ，凝灰角礫岩や礫岩の上に灰白色の石灰岩層が不整合で重なっているのが観察できます（図 4.5）。また，1997 年に発生した大規模な崩壊跡も間近で観察でき，現在進行形で起きているダイナミックな地形形成を感じることができます。

　石門は全体がカルスト地形となっており，森林に覆われたドリーネや「針の岩」とよばれるカレン（ラピエ）ができた石灰岩の露岩が見られます。また，現在は立ち入りが禁止となっている鍾乳洞もあり，洞内には礫岩との境界に沿って流れる地下水や，天井に形成された鍾乳石を観察できます。

図 4.5　大規模な崩壊以前の石門南側の急崖（1995 年
6 月，吉田圭一郎撮影）

母島南部

　母島南部は標高 30 〜 100 m の起伏のゆるやかな地形となっています。母島南部の西側には，御幸之浜，南京浜，万年青浜など小規模な海浜があり，御幸之浜では大型の底生有孔虫の化石である貨幣石を含んだ礫岩の地層を観察することができます。舗装道路沿いに南下すると，都道最南端のロータリーに到着し，南崎へ行く遊歩道（南崎線歩道）の入口があります。遊歩道沿いには湿地である蓮池や斜面が崩れて赤色土壌が露出した「擂鉢」などの特徴的な地形を見ることができます。

　母島最南端にある南崎は大瀬戸に面した美しい海岸で，サンゴが群生しています。サンゴ片や有孔虫の殻などでできた石灰質の白い砂浜となっており，波打ち際にはビーチロックもつくられています。南崎の東側には，熱水によって変質した安山岩の塊状溶岩からなる白灰色の崖があります[2]。南崎に隣接する小富士からは南崎の全景や，乳房山を背景とした母島南部の平坦な地形を眺望することができます。

（吉田圭一郎）

■参考文献
1）海野　進（2010a）：父島列島の地質フィールドガイド．http://earth.s.kanazawa-u.ac.jp/~umino/Bonin/Chichi_Guide.pdf（最終閲覧日：2020 年 12 月 20 日）
2）海野　進（2010b）：母島列島の地質フィールドガイド．http://earth.s.kanazawa-u.ac.jp/~umino/Bonin/Haha_Guide.pdf（最終閲覧日：2020 年 12 月 20 日）

― II ―
自然遺産地を取り巻く大気と水

小笠原諸島において唯一，100年以上の気象観測記録がある気象庁 父島気象観測所（2017年3月，松山　洋撮影）

第5章 小笠原諸島の気候と大気

　小笠原諸島は，夏に晴天をもたらす小笠原高気圧（北太平洋高気圧）に覆われて海洋性熱帯気団の支配下にあり，高温湿潤な気候となります。また，冬はユーラシア大陸から吹き出してくる大陸性寒帯気団の変質した末端付近に位置し，寒さは本州と比較すると弱くなっています。小笠原諸島は，ケッペンの気候区分では，南鳥島を除いて Cfa（温帯多雨夏高温気候）に分類されます。島嶼であるため海洋性気候で温暖ですが，地球温暖化の影響や年々の変動も考えていかなければなりません。本章では，気温や日照時間などの気象要素をもとに小笠原諸島の気候について紹介していきます。なお，降水量の季節変化は水資源とも関係しますので，第6章「小笠原諸島の水環境」で示します。

5.1　小笠原諸島の気象要素について

　小笠原諸島では，父島，母島，南鳥島で気象庁による気象観測が行われていますが，南鳥島には一般の人びとは居住していないこと，また，母島では雨量のみの観測となっているため，本節では父島気象観測所のデータ[1] を使って解説していきます。作図にあたり一部は気象庁 iTacs を使用しています。

気温

　図5.1 には父島気象観測所と，比較のために東京管区気象台の1年間の日平均・最高・最低気温の平年値（1981 〜 2010 年の30 年平均値）を示します。一見してわかるとおり，父島は東京と比較して，年間の変化がゆるやかで，最高気温と最低気温の差が小さくなっており，海洋性気候の特徴がよくわかります。図5.2 には父島と東京の日平均・最高・最低気温の差を示します。3要素の中で日最低気温の差が年間を通して最も大きく，冬には 15℃にまで拡大します。一方，日最高気温は最も差が小さく，特に7月下旬〜 8月末までは東京のほうが最高気温が高くなります。また，年間の変動は一様ではなく，6月下旬頃を中心に冬から続いてきた最高および日平均気温差の減少が上昇に転じます

が，これは，晴天をもたらす小笠原高気圧の父島への張り出しおよび関東地方の梅雨季と一致しており，両者の天候の差が顕著に表れたものと見ることができます。なお，1年365日を5日×73に区分したものを半旬といいますが，父島の平均的な梅雨季は，各気象要素の半旬平年値から，26半旬（5月6〜10日）から34半旬（6月15〜19日）までとされており[2]，父島の梅雨明けと東京の梅雨入りが重複する傾向があり，それが両地点の気温差の特徴的な変化に表れています。

　これ以外に気温平年値に関してみると，夏日（日最高気温25℃以上の日）の日数は，父島で198日もあるのに対して東京は112日と少なくなっているものの，真夏日（日最高気温30℃以上の日）は父島で26日であるのに対して東

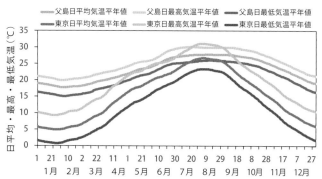

図5.1　父島気象観測所と東京管区気象台における日平均・最高・最低気温平年値（1981〜2010年）の時間変化

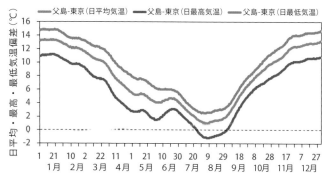

図5.2　父島気象観測所と東京管区気象台における日平均・最高・最低気温平年値（1981〜2010年）の差の時間変化

京では40日と多くなっています。

日照時間

　図5.3には父島気象観測所と東京管区気象台における日平均日照時間平年値の時間変化と両者の差を示します。日照時間とは，太陽の直射光が地表を照射した時間のことで，雲量や天気の指標になります。これによると，6月上旬頃までは父島と東京は似たような変化をしており，東京のほうが相対的に日照時間が多くなっています。これは，冬を中心に西高東低の気圧配置になったときに，関東地方では雲が少なく晴天で，一方小笠原諸島では寒気団の変質やその南縁での低気圧・前線の影響で雲量が多くなるためであると考えられます。6月中旬以降，父島の日照時間が増加すると同時に，東京の日照時間が減少し，その差は最大4.8時間にもなります。この時期に小笠原諸島では梅雨が明けて小笠原高気圧に覆われ，東京では梅雨前線が北上し梅雨入りする事例が多いことが示唆されます。7月下旬以降，関東地方も梅雨が明けて日照時間が増えますが，優勢な小笠原高気圧に覆われる小笠原諸島のほうが，夏を通して11月上旬の秋まで日照時間は長くなります。結果的に夏から秋にかけては小笠原諸島のほうが東京よりも晴れる日が多いといえそうです。なお，気温の時間変化にも見られますが，5月の中旬頃に小さな偏差のピークが見られます。この時期，関東地方に前線または低気圧がかかりやすいことが示唆されます。季節区

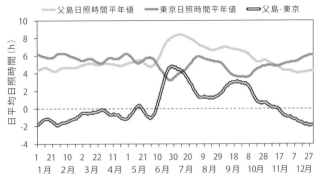

図5.3　父島気象観測所と東京管区気象台における日平均日照時間平年値
（1981～2010年）と両地点の差の時間変化

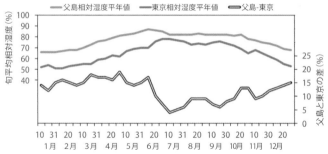

図 5.4　父島気象観測所と東京管区気象台における旬平均相対湿度平年値
（1981 ～ 2010 年）と両地点の差の時間変化

分を四季よりも細かく分類すると,「春」と「初夏」の間に「晩春」という季節
があり [3]，それが時期的に相当していると考えられます。

相対湿度

　空気に含まれる水分量の比を相対湿度という値で表します。同じ気温では,
相対湿度が高いほど体感的には湿った感じになります。図 5.4 には父島気象観
測所と東京管区気象台における旬平均相対湿度平年値の時間変化と両者の差を
示します。年間を通して父島のほうが相対湿度は高くなっています。12 月から
1 ～ 6 月中旬までは両地点で 10% 以上の差がありますが, 7 月上旬以降その差
は小さくなり, 東京では相対湿度の上昇, 父島では低下が同時に起きています。
7 月上旬頃は東京では梅雨の最盛期にあたり，湿った気団の影響を受ける一方
で，小笠原では優勢な高気圧に覆われて日照時間も長くなり相対的に湿度が低
下するため, 両者の差が小さくなると考えられます。梅雨前線と高気圧が大き
く天候を左右していることがここからも読み取れます。

5.2　小笠原諸島の気圧配置について

冬季

　図 5.5 には冬季（12 ～ 2 月）における海面気圧と風向風速の平年値（1981

～2010年）分布を示します。海面気圧とは平均海面高度まで更正した地上気圧で，標高による影響を除いた気圧分布が表現できます。ユーラシア大陸上は高気圧，北太平洋は低気圧になっていますが，それぞれ冬に顕著なシベリア高気圧とアリューシャン低気圧に対応しています。小笠原諸島はアリューシャン低気圧と，より南の低圧場（南半球のインドネシア付近を中心とした対流により形成されています）との間の相対的な高圧帯に位置しており，大陸の高圧圏の縁に相当していることが見てとれます。

　図5.6には父島気象観測所における1～2月気温平均値と同期間の海水面温度（sea surface temperature：SST）との相関係数分布を示します。相関係数とは，二つの変数の関係性の強さを0～±1までの間の数値で示したもので，0は関係性がなく，±1に近いほど関係性が強いことを示します。これにより，父島の冬の気温の年々の変動が，周辺の海水面温度とどのような関係があるのかを示すことができます。解析期間については，1998年のエルニーニョ現象以降，大気循環場が大規模に変化しており[4]，現在の天候変動を中心に見る場合には1998年以降を対象とすることが良いとされているためそのような期間を選定しています。なお，エルニーニョ現象とは，南米ペルー沖のSSTが平年よりも高くなり，日本の南方インドネシア付近の対流活動が弱まるもので，日本では冷夏や暖冬などの異常気象が発生しやすくなり，その影響は世界的なものになります。ラニーニャ現象ではエルニーニョ現象とは逆のSSTパターンとなり，日本では夏の猛暑や冬の寒波が発生しやすくなります。

　図5.6によると，父島の冬の気温は，本州の南付近を含む広い範囲で，SSTと相関係数0.8以上という強い正の相関を示しています。これにより，父島の冬季の月平均気温は，周辺海域の海水面温度に強く影響されていることがわかります。一方，その南東方の熱帯域では負の相関係数分布が見られています。また，南米のペルー沖の赤道付近やインド洋西部でも0.6以上の強い正の相関係数分布が見られ，エルニーニョ・ラニーニャのようなグローバルスケールでの現象が広く影響を及ぼしていることを示唆しています。

　次に雨について見ていきます。図5.7には父島気象観測所における1～2月の平均降水量と同期間の海面気圧との相関係数分布を示します。小笠原諸島周

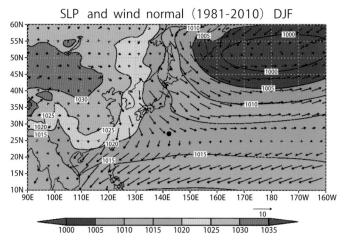

図 5.5　冬季（12 〜 2 月）の海面気圧と風向風速の平年値（1981 〜 2010 年）分布
気圧の単位はヘクトパスカル（hPa），風速は m/s。父島を黒丸で示す。

辺では有意な相関は見られませんが，ユーラシア大陸のシベリアを中心として明瞭な正の相関係数が見られます。これはシベリア高気圧の強弱が父島の降水量に関係していることを示しており，シベリア高気圧が強いと寒気の吹き出しが強まり，父島の降水量は多くなることがわかります。また，ベーリング海には負の相関係数が見られますが，これはシベリア高気圧が強まる際にアリューシャン低気圧が発達することを示しています。このように，気圧配置から見ると，小笠原諸島の冬季の降水量は遠くの高気圧・低気圧の強弱に左右されていることになり，興味深い点といえるでしょう。

夏季

図 5.8 には夏季（6 〜 8 月）における海面気圧と風の平年値（1981 〜 2010年）分布を示します。冬季とは逆に，大陸は低圧部になっており，小笠原諸島は太平洋高気圧に覆われていることがわかります。本州や沖縄地方と比較して気圧が高く，より太平洋高気圧の影響が強いことがわかります。

図 5.9 には父島気象観測所における 6 〜 8 月気温平均値と同期間の海水面温度（SST）との相関係数分布を示します。冬季と同様に，父島周辺の SST と正

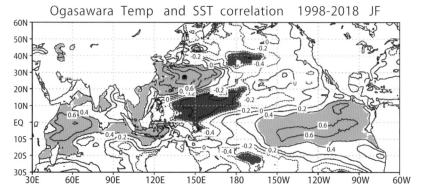

図 5.6　父島気象観測所（黒丸）における 1 〜 2 月の気温平均値と同期間の海水面温度（SST）との相関係数分布（1998 〜 2018 年）

解析期間は 1998 〜 2018 年で，SST は緯度経度とも 1°の格子点データ（気象庁作成）。黄色は正，青色は負の相関が統計的に有意であることを示す（危険率 5% 以下）。

の相関が見られるものの，その範囲は狭くなっています。一方，ペルー沖および北米のカリフォルニア沖から太平洋中部にかけて正の相関域が見られます。これは，冬季と同様に，エルニーニョ現象・ラニーニャ現象との関係を示しています。

　次に雨についてですが，図 5.10 には父島気象観測所における 6 〜 8 月平均降水量と同期間の海面気圧との相関係数分布を示します。冬季と同様，父島から離れた地域に正の相関域が見られ，西部熱帯太平洋海域で相関が高くなっています。この海域では，平常年では対流活動が活発で，大気大循環により太平洋高気圧を強める役割を担っていますが，エルニーニョ現象時には暖かい海水の移動により対流が不活発になります。この海域の海面気圧が父島の降水量と正の相関をもつということは，気圧が高い，すなわち対流が不活発であるときに父島の降水量が多いことを統計的に示しています。言い換えれば，エルニーニョ現象で西部熱帯太平洋海域の対流が不活発なときには父島の降水量が多くなるということになります。エルニーニョ現象と父島の天候との関係については，エルニーニョ現象時の寒候期には温暖多雨が明瞭であり，暖候期には不明瞭であるとの報告があります [5]。ただし，この研究の解析期間は 1969 〜 1990年であり，図 5.10 の解析期間とは気候ステージが異なっている可能性があり

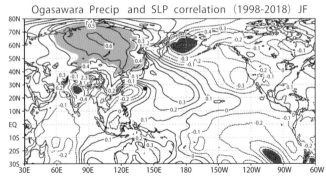

図 5.7　父島気象観測所における 1 ～ 2 月の平均降水量と同期間の海面気圧との相関係数分布（1998 ～ 2018 年）

海面気圧は，緯度経度とも 1.25°の格子点データ（気象庁作成）。凡例は図 5.6 と同じ。

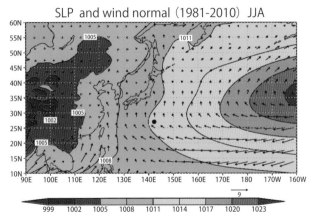

図 5.8　夏季（6 ～ 8 月）の海面気圧と風向風速の平年値分布（1981 ～ 2010 年）

ます。いずれにせよ，寒候期と暖候期の違いはあってもエルニーニョ現象との関係が示されているのは興味深いところです。

小笠原諸島への地球温暖化の影響について

気温

　図 5.11（a）には，1969 ～ 2018 年までの，父島気象観測所における年平均気温の時間変化を示します。気温は年々の上昇傾向が明瞭で，統計的に有意な

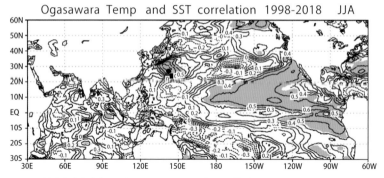

図 5.9　父島気象観測所における 6 ～ 8 月の気温平均値と同期間の海水面温度（SST）との相関係数分布（1998 ～ 2018 年）
凡例は図 5.6 と同じ。

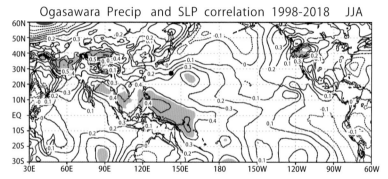

図 5.10　父島気象観測所における 6 ～ 8 月の平均降水量と同期間の海面気圧との相関係数分布（1998 ～ 2018 年）
凡例は図 5.6 と同じ。

回帰直線（危険率 1% 以下）を引くことができ，気温の上昇率は 100 年あたり約 1.5℃になります。これは，気象庁による日本の平均気温上昇率 1.24℃ [6] と比較するとやや大きい値ですが，統計期間が気象庁よりも短いので最近の傾向として把握すべきでしょう。また，戦前からの気象観測記録を用いた吉田ほか（2006）[7] の研究によれば，戦前（1907 ～ 1943 年）と比較して，占領期間（1951 ～ 1959 年）および返還後（1969 ～ 2000 年）の気温は 0.4 ～ 0.6℃高く，これらの期間の年平均気温の上昇率は 0.75℃ /100 年となり，近年の気温上昇が加速していることが示唆されます。

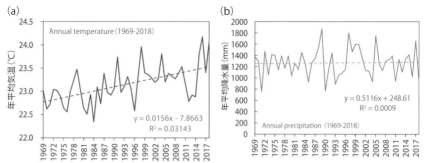

図 5.11　父島気象観測所における年平均気温（a）と年平均降水量（b）の時間変化（1969～2018 年）

降水量

　図 5.11（b）には，1969 ～ 2018 年までの，父島気象観測所における年平均降水量の時間変化を示します。こちらは統計的に有意な変動は見られず，1980 年代以降 2000 年代半ば頃まで年々の変動が大きくなる傾向は見られますが，増加もしくは減少という意味ではほとんど変化していません。一方，吉田ほか（2006）[7] によると，返還後（1969 年以降）の降水量は，戦前と比較して約 20% 減少したとのことです。近年の頻繁な渇水[8]も過去からの一連の気候変動である可能性があります。詳しくは第 6 章で紹介します。　　　　　　　（菅野洋光）

■参照文献
1) 気象庁（2020）：過去の気象データ・ダウンロード．http://www.data.jma.go.jp/gmd/risk/obsdl/index.php（最終閲覧：2020 年 11 月 27 日）
2) 前島郁雄・岡　秀一（1979）：小笠原父島の気候特性．小笠原研究年報，3，12-19.
3) 吉野正敏・甲斐啓子（1977）：日本の季節区分と各季節の特徴．地理学評論，50，635-651.
4) Kanno, H. (2013): Strongly negative correlation between monthly mean temperatures in April and August since 1998 in Northern Japan. Journal of the Meteorological Society of Japan, 91, 355-373.
5) 田上善夫（1992）：小笠原父島の気候環境の変動とエルニーニョの影響．小笠原研究年報，15，76-89.
6) 気象庁（2020）：日本の年平均気温の経年変化（1898 ～ 2019 年）．http://www.data.jma.go.jp/cpdinfo/temp/an_jpn.html（最終閲覧日：2020 年 11 月 27 日）
7) 吉田圭一郎ほか（2006）：小笠原父島における 20 世紀中の水文気候環境の変化．地理学評論，79，516-526.
8) 松山洋（2018）：37 年ぶりの大渇水—小笠原諸島父島における 2016 ～ 2017 年の少雨について—．地学雑誌，127，1-19.

第6章　小笠原諸島の水環境

　父島の年降水量は 1,292.5 mm/ 年です（1981 〜 2010 年の平均値[1]，平年値といいます）。地球全体の年降水量の平年値が約 1,000 mm/ 年ですから，それに比べれば少しは多いものの，東京（大手町）では 1,528.8 mm/ 年，八丈島では 3,202.4 mm/ 年ですから[1]，父島の年降水量の少なさが理解できると思います。そしてこのことは，人びとの生活にも影響を及ぼしています。本章では，小笠原諸島の水環境について，水量と水質の両方に注目して紹介したいと思います。

6.1　小笠原諸島の水量について

人は 1 日あたりどれくらい水を使えれば必要十分なのか？

　小笠原諸島では，年降水量が少ないこともあって，これまでに何回か大規模な渇水に襲われています[2]。一般に，降るべき時期に降水がみられないと，それに引き続く季節は渇水に見舞われます。小笠原諸島では梅雨の時期が早いため，5 月の降水量が多くなります。また，秋の台風シーズンにも降水量は多くなります（図 6.1）。そのため，空梅雨だったり，台風が来なかったりすると，それに引き続く季節が渇水になります。

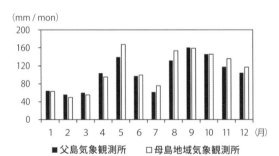

図 6.1　父島気象観測所（図 6.2）と母島地域気象観測所（図6.4）における月降水量（両方でデータが利用可能な2007 〜 2018 年の平均値[1]）

小笠原諸島で，人は水をどれくらい使うことができるのでしょうか？ 森 和紀三重大学名誉教授によると，1969～2000年における父島気象観測所（図6.2）の年降水量は1,281 mm/年になります。一方，同じ期間において月平均気温から推定した年蒸発散量[3]は1,211 mm/年です。私たちは，降水のすべてを使えるわけではなく，降水量から蒸発散量を引いたものが使える水の量，すなわち水資源量になります。つまり，この期間における父島の水資源量は70 mm/年です。この値を父島全体に適用してよいかという問題はありますが，これに，父島の面積（23.80 km^2）を乗じて父島の人口（2,028人，森名誉教授が用いた2014年9月の住民基本台帳登録者数）で割り，単位を換算した値（821 m^3/人/年）が，1人1年あたりの水資源量の最大値になります。さらに，1年を365日として，m^{3}をL（リットル）に直すと，父島における1人1日あたりの水資源量の最大値は2,249 L/人/日になります。

　人は，1日あたりどれくらい水を使えれば必要十分なのでしょうか？『水の日本地図』[4]によれば，1人1日あたりの生活用水使用量は経済成長とともに増加してきており，快適な生活を送るのに必要な水は1人1日あたり約300 Lであると示されています。この生活用水300 Lの内訳は家庭用水と都市活動用水であり，日本では料理用の水（食器洗い用）の割合が高いことが特徴です。

図6.2　父島における主な施設等の分布

水道用ダムについては集水域を黒線で示す。青線で囲ったのは図7.1（a）の範囲。

父島の水道用ダムは，人びとの水需要を賄えるのか？

父島における 1 人 1 日あたりの水資源量の最大値は 2,249 L/ 人 / 日 ですから，父島は渇水とは無縁のような気もします。しかしながら，2,249 L/ 人 / 日というのは理論上の最大値です。もう少し現実的に考えてみましょう。

図 6.2 には父島におけるダムの分布が示されています。このうち長谷ダムは農業用ダムですが，これを除く四つのダムの有効貯水容量の合計は 93,700 m³，集水域の面積合計は 2.57 km² になります[5]。父島の水資源量（70 mm/ 年）を 2.57 km² に乗じて単位換算すると，ダム集水域の水資源量は 179,900 m³/ 年になります。一方，1 人 1 日あたりの水使用量を 300 L として，人口（2,028人）と 365 日を乗じて単位換算すると，222,000 m³/ 年になります。つまり，ダム集水域の水資源量だけでは，父島の水使用量を賄うことはできません。両者を合致させるためには，1 人 1 日あたりの水使用量を 243 L とするか，水資源量計算の前提となる 70 mm/ 年を 86 mm/ 年にする必要があります。後者（86 mm/ 年）は前者（70 mm/ 年）の約 23% 増しに相当しますが，これは十分ありうる数値です（後述）。

小笠原諸島の場合，おがさわら丸が入港すると父島や母島の人口が大きく変

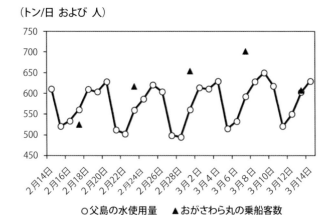

図 6.3　2017 年 2 月 14 日〜 3 月 14 日の父島における水使用量（トン /
　　　 日）とおがさわら丸の乗船客数（人）（文献[5]を一部修正）
後者はおがさわら丸が父島に入港した日にプロットされている。

動することも，水使用量に影響を与えています。父島の場合，上述した計算に用いた人口が 2,028 人，2020 年 11 月 1 日現在の住民基本台帳登録者数が2,156 人ですから [6)]，仮におがさわら丸に乗って 600 人の観光客がやってくると，父島の人口は 28% 増加することになります。これは大変大きな増加率です。3 日後におがさわら丸が出航すると，水使用量も減ります（図 6.3）。

図 6.3 は 2017 年 2 月 14 日〜3 月 14 日の父島における水使用量とおがさわら丸の乗船客数を示しています [5)]。この期間は渇水だったため，小笠原村公式サイト [6)] では毎日の水使用量が公表されていました。また，入港日には乗船客数も公表されます。毎日の水使用量をプロットしてみるときれいな 6 日周期が見え，入港日〜出港日の 4 日間は水使用量が増加することがわかります [5)]。このように，観光客も父島の水使用量に影響を与えているのです。

父島の水資源量算定に関する問題点

前項で述べた水資源量の計算では，前提条件が単純すぎるという問題があります [2)]。水資源量は降水量−蒸発散量で定義されますが，この計算では，降水量，蒸発散量ともに分布を考えていません。というのも，父島で信頼できる長期間の気象データを利用できるのが父島気象観測所に限られているためです。

一般に，降水量は標高が高くなるにつれて多くなります。これは，山があることによって上昇気流が生じやすくなるためです。一方，蒸発散量は標高が高くなるにつれて少なくなります。これは，蒸発散量と気温との間に正の相関があり，標高が高くなるにつれて気温が下がるからです。このため，降水量−蒸発散量である水資源量も，標高が高くなるにつれて多くなります。つまり，「山ある国は水資源が豊か」なのです。

図 6.2 に示した父島の初寝山付近（標高 215 m 地点）で行われた水文気象観測 [7)] に基づいて 2000 年 1 〜 12 月の水資源量を算定してみると，初寝山付近では 799.6 mm，父島気象観測所では 204.9 mm であり，約 4 倍異なっていました [2)]。つまり，島内における水資源量の分布を考えるならば，図 6.2 の水道用ダムの集水域における水資源量が，父島気象観測所のそれ（70 mm/ 年）の約 23% 増しになるのは，十分考えられることなのです。

母島の水資源量について

　気象庁の母島地域気象観測所（図6.4）では気温の観測を行っていないため，父島と同じ方法で水資源量を推定することができません。そこで，水道用ダムの有効貯水容量と人口との関係について考えてみることにします[5]。

　母島の水道用ダムは乳房ダム（有効貯水容量 32,000 m^3）だけですが[5]，大谷砂防ダムと玉川ダムも水道水源として登録されています（図6.4）。一方，父島の水道用ダムの有効貯水容量の合計は 93,700 m^3 です[5]。2020年11月1日現在の母島の人口（住民基本台帳登録者数）は 452 人，父島のそれは 2,156人ですから[6]，人口1人あたりの有効貯水容量は母島が 70.8 m^3/ 人，父島が43.5 m^3/ 人となります。つまり，母島のほうが水資源量に余裕があるのです。このこともあって，2016 ～ 2017 年の渇水のときにも，乳房ダムの貯水率が父島の水道用ダムの貯水率を下回ることは，一度もありませんでした[5]。

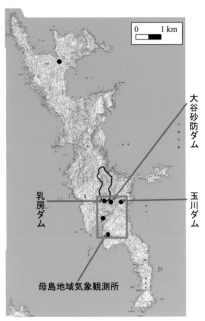

図6.4　母島における主な施設等の分布
乳房ダムについては集水域を黒線で示す。青線で囲ったのは図7.2（a）の範囲。

小笠原諸島でこれまでに起こった大規模な渇水

　小笠原諸島では，これまでに何度か大規模な渇水に襲われてきました。代表的なものに 1980 年，2011 年，2016 〜 2017 年，そして 2018 〜 2019 年があります（図 6.5）。前 3 者については松山（2018a）[2] に詳しく書きましたが，簡単にまとめると以下のようになります。

　1980 年は，本州では冷夏の年でした。この年はオホーツク海高気圧の勢力が強く，太平洋高気圧が小笠原諸島付近に居座ったため，小笠原諸島では梅雨の頃から 10 月末まで少雨になり記録的渇水になりました[8]。この渇水は，11 月上旬に前線を伴った低気圧が 2 回通過したことによって解消されました。

　2011 年は年明け早々から渇水が始まりました。この時期は年間で最も降水量が少ない時期ですので（図 6.1），まとまった雨は期待できません。この時の渇水は 8 月末の台風 12 号による大雨によって終息しました。また，この時初めて海水淡水化装置が導入されました（後述）。

　2016 〜 2017 年の渇水は，1980 年以来 37 年ぶりに父島の水道用ダムの貯水率が 20% を下回るものでした（図 6.5）。2016 年 5 月〜 2017 年 4 月まで，12 か月間連続で父島気象観測所における降水量が平年値を下回り，この期間の降水量の合計は平年値の約 1/2 でした。2016 年 5 月にエルニーニョ現象が終

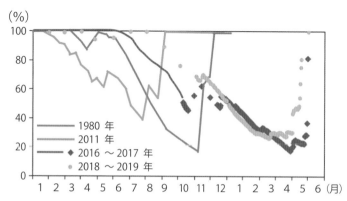

図 6.5　過去の大規模な渇水年における父島の水道用ダムの貯水率の推移
（小笠原村公式サイト[6] より作成）

息したのですが，2016年5～7月には，エルニーニョ現象終息後のインド洋が世界の気候に与える影響が小笠原諸島でもみられ，少雨になりました。9～10月は西部熱帯太平洋の影響がみられ，その後は月ごとに少雨となる要因が変わりました。記録的な渇水は，2017年5月中～下旬に2回，父島付近を通過した低気圧によって解消されました（図6.5）。

2018～2019年の渇水については現在解析中ですが，12～2月頃の貯水率の減少速度が2016～2017年のそれと比べて大きいことと，渇水の終わり方がこれまでのそれらとは異なることが特徴です。これまでは，大雨によって水道用ダムの貯水率が一気に増加して渇水が解消される場合が多かったのですが，2019年4～5月には10～40 mm/日程度の降水が何回かみられ，段階的に貯水率が増加していくという特徴がみられました（図6.5）。

2011年以降の渇水の際には，海水淡水化装置が導入されました（図6.6）。図6.6は，2016～2017年の渇水の際に扇浦（図6.2）に設置された海水淡水

図6.6　海水淡水化装置の様子（2017年3月28日）
（a）海水の汲み上げ。赤点線で囲った部分に汲み上げ用のホースが見える，（b）海水淡水化装置へ，（c）逆浸透膜装置，（d）処理室内部（文献[5]の図7より）。

化装置を示しており[5)]，これが稼働することによって生活に必要な水を確保することができました。しかしながら，海水淡水化のために必要な電気代は通常の6倍もかかり，これによってつくられる水は大変高価なものなのです[2)]。

ここで紹介した渇水のうち，2017年までのものはすべて，エルニーニョ現象が起こっていないときに発生していました。これは，第5章「小笠原諸島の気候と大気」で述べたように，エルニーニョ現象が発生しているときには，小笠原諸島では降水量が多くなることが期待されるからです。しかしながら，フローレス慈英さん（東京都立大学 都市環境科学研究科）によれば，2018～2019年の渇水はエルニーニョ現象期間中に発生したとのことです。地球環境の変化とともに，小笠原諸島における雨の降り方が変化してきているのかもしれません。また，2016～2017年と2018～2019年という，近接した期間に渇水が続けて発生していることも気になります。これらについては，これからも注意深く監視していく必要があるでしょう。

6.2　小笠原諸島の水質に関する研究について

陸水や地下水の源は，多くの場合降水です。小笠原諸島（父島）では，その降水中に含まれる炭酸水素イオン濃度が高いことが知られています[9)]。また，陸水は海塩の影響を受けることや塩基性の土壌の影響を受けることも指摘されています[10)]。その土壌は薄くて流域の保水力が乏しいため，父島の八瀬川では降雨の終了とほぼ同時に直接流出が終息するという観測結果もあります[11)]。さらに，小笠原では大規模な農業が行われていないため，陸水中の栄養塩類の濃度は比較的低く，夏季よりも冬季に低いこともわかっています[12)]。ただし，ダム湖の水はアルミニウムと鉄に富んでいます[10)]。

小笠原は冬でも温暖であるため，小笠原のダム湖では冬でも表層が相対的に高温，下層が相対的に低温になります。そして，循環が起こりにくく下層水が停滞するために，上水道として利用するうえで水質が問題になっていました[13)]。そこで，時雨ダムと小曲ダム（図6.2）では1983年から循環装置が設置され，これを稼働することによって水質が改善されています[14)]。この研究[14)]では，循

図6.7　乳房ダム（母島）の植栽フロート（2018年2月，松山　洋撮影）

環装置を停止させた時の水質の変化についても議論されています。一方，小笠原では水質に及ぼす人為的な影響は小さいものの，窒素固定能の高いマメ科のギンネム（外来種）の侵入や，糞からの栄養溶出が懸念されるヤギの増加などによって，ダム湖の富栄養化が急激に進行する可能性があることも指摘されています[13]。

　このことに関連して，母島の乳房ダム（図6.4）では雨が少ないと藻類が発生することがあり，水道水のカビ臭の原因になります。藻類を抑制するためには水中の窒素とリンの低減化を図る必要があり，乳房ダムでは2007年度以降，窒素とリンを吸収して成長する水生植物（空心菜）を栽培・収穫して水質の改善を図っています[15]（図6.7）。空心菜は遮光効果という点でもダム湖の水質改善に寄与しています。小笠原村役場母島支所では空心菜を用いた料理用のレシピも公開されています。しかしながら，検疫の関係で小笠原諸島から空心菜を持ち出すことはできません。

　本章では紙面の都合上，小笠原諸島の水質に関する研究のすべてを紹介することはできませんでした。水質に関する研究成果は『小笠原研究年報』[16]に公表される場合が多いので，興味のある方はそちらを御覧いただければ幸いです。

（松山　洋）

■参照文献

1) 気象庁（2019）：過去の気象データ検索．http://www.data.jma.go.jp/obd/stats/etrn/index.php（最終閲覧日：2019 年 9 月 7 日）

2) 松山　洋（2018a）：37 年ぶりの大渇水—小笠原諸島父島における 2016 ～ 2017 年の少雨について—．地学雑誌，127，1-19．

3) Thornthwaite, C. W.（1948）：An approach toward a rational classification of climate. Geographical Review, 38, 55-94.

4) 東京大学総括プロジェクト機構「水の知」（サントリー）総括寄付講座編（2012）：水の日本地図—水が映す人と自然—．朝日新聞出版．

5) 松山　洋（2018b）：写真と図で見る「37 年ぶりの大渇水」—小笠原諸島父島，母島における少雨時（2016 ～ 2017 年）と平常時（2018 年）の状況の比較—．地学雑誌，127，823-833．

6) 小笠原村（2019）：小笠原村公式サイト．https://www.vill.ogasawara.tokyo.jp/（最終閲覧日：2020 年 12 月 1 日）

7) 吉田圭一郎ほか（2002）：水文気候条件からみた小笠原諸島父島における乾性低木林の立地環境．地学雑誌，111，711-725．

8) 延島冬生（2018）：1980 年父島断水日記．小笠原研究年報，41，23-45．

9) 田場　穰ほか（1975）：小笠原群島の陸水（I）—南島陰陽池について—．日本大学文理学部自然科学研究所研究紀要（応用地学），10，23-29．

10) 落合正宏（2004）：小笠原ダム湖，時雨ダムの水質．水処理技術，45，13-17．

11) 森　和紀ほか（2015）：父島における陸水の水文化学特性—特に溶存成分の起源に着目して—．小笠原研究年報，38，17-30．

12) 野原精一ほか（2009）：伊豆・小笠原島嶼における陸水・沿岸水の栄養塩環境の特徴．陸水学雑誌，70，225-238．

13) 渡辺泰徳ほか（1987）：小笠原の淡水環境と水中微生物．小笠原研究年報，10，41-62．

14) 山崎公子ほか（1995）：小笠原の水道水源ダムにおける貯水保全．小笠原研究年報，18，54-69．

15) 山崎公子ほか（2008）：小笠原母島における貯水池の水質浄化に関する実験的研究．小笠原研究年報，31，65-75．

16) 東京都立大学 小笠原研究委員会（2020）：小笠原研究年報　目次．http://www.tmu-ogasawara.jp/ogasawara_index.html（最終閲覧日：2020 年 6 月 9 日）

第7章 小笠原の水環境や海をめぐるエクスカーション

本章では，観光客が訪れることができる父島と母島のダムについて紹介します。また，海をめぐるエクスカーションとして，父島の南西に位置する南島についても紹介します。

7.1 時雨ダム（父島）

時雨ダムは父島の水道用ダムとして最大のもので，有効貯水容量は70,000 m³です[1]。父島の南部に位置し（図 6.2, 図 7.1a），1976 年 3 月に竣工しました。アスファルトフェイシングロックフィルダム（岩石や土砂を積み上げて建設したダムの上流部表面をアスファルトで覆ったもの）という形式であり，全国的にみてもめずらしい形式のダムのようです[1]。

時雨ダムを見学する際には，小笠原村役場で「簡易水道施設（水源等）立入申請書」を提出する必要があります。時雨ダム堤体への立ち入りは特に規制されていませんが，取水塔は立入禁止です。これは，水道法施行規則で「みだりに人畜が施設に立ち入って水が汚染されるのを防止するのに必要な措置を講ずること」とされているためです。

2016 〜 2017 年の渇水時には時雨ダムの水位も大きく低下しました（図 7.1b, c）。これらの写真は，時雨ダム堤体から取水塔方向を撮影したものです。

行き方

小笠原村営バス扇浦線に，始発の村役場前（大村）から乗ります。扇浦線は清瀬交差点から小港海岸までは停留所以外でも乗り降り自由なので，バスの運転手さんに「時雨ダムに行きたいので，北袋沢で降ろして下さい」と伝えるとよいでしょう（図 7.1a）。村役場前から北袋沢までは約 15 分です。北袋沢からは林道を登って徒歩約 10 分でダムに着きます。軽自動車など小さな車の場合には，直接ダムまで行くことができます。しかしながら，林道の入口に柵があ

図 7.1　(a) 時雨ダム付近の地図（地理院地図により作成。父島におけるこの図の位置は，図 6.2 を参照のこと），(b) 2017 年 3 月 28 日（渇水時）の時雨ダム，(c) 2018 年 2 月 23 日（平常時）の時雨ダム
貯水率 100% の高さを赤矢印で示した。(b)，(c) は，文献 [3] の図 3 による。

り側溝もあるので，大きな車の場合には，北袋沢の先にある小港駐車場に車を置いて歩いて行くのが無難だと思います。

　村営バスは 1 時間半に 1 本程度しか走っていないので，事前に路線図や時刻表を確認しておくのがよいでしょう [2]。乗車料金は大人 1 回 200 円，小人 100 円ですが，1 日自由乗車券（大人 500 円，小人 250 円）もあって，村営バス営業所（村役場前）やバス車内で購入することができます（2021 年 2 月現在）。

7.2　玉川ダム（母島）

　母島の水道用ダムである乳房ダムでは，2021 年 2 月現在，堤体の約 200 m 下流側にゲートが設けられているため近づくことができません。これは水道施設を理由にしたものではなく，落石のためのようです。かわりにここでは，農

業用ダムである玉川ダムについて紹介します（図6.4，図7.2）。有効貯水容量は 25,000 m^3 です[4]。

行き方

　母島にはバスはありません（そのかわり，乗り合いタクシー［有償運送］というシステム[5]があります）。そのため，玉川ダムに行くには，ふつうは「ははじま丸」が発着する沖港船客待合所から歩いて行きます。ダムへは遊歩道経由（ルート1）または農道経由（ルート2）の二つのルートがあります（図7.2a）。

1）沖港船客待合所－乳房山遊歩道－玉川ダム堤体：行程約 2.0 km，最大高低差 245 m

2）沖港船客待合所－農道1号線－玉川砂防堤体：行程約 2.6 km，最大高低差 180 m

　どちらも距離はそれほどないのですが，暑いのとやや高低差があることから，

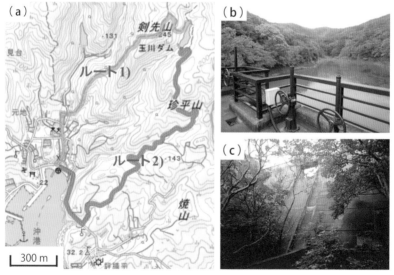

図7.2　（a）沖港から玉川ダムへのルート（地理院地図により作成。母島におけるこの図の位置は，図6.4を参照のこと），（b）玉川ダム湖，（c）玉川ダム堤体
　（b）と（c）は2019年9月20日 小笠原環境計画研究所 庄子恭平さん撮影。

所要時間は休憩を含めて，片道 1 時間半程度といったところです。ただし，歩いて行くならば 1）のルートがお勧めです。道標もしっかりしており，途中の剣先山からは母島の集落を見渡すことができます。また，ちょっと足をのばせば船木山の滝にも立ち寄ることができます。　　　　　　　　（松山　洋）

7.3　南島

　南島は父島の南西に位置し，南北約 1.5 km，東西約 400 m の無人島です。南島周辺では石灰岩の島々や岩礁による沈水カルスト地形が発達し，特徴的な景観が観察できます。3,400 万〜 2,700 万年前の南島周辺はサンゴ礁になっており，そのサンゴ礁の化石が固まって石灰岩の地層が形成されました。土地の

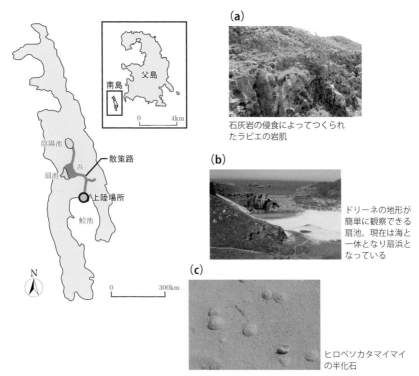

(a) 石灰岩の侵食によってつくられたラピエの岩肌

(b) ドリーネの地形が簡単に観察できる扇池。現在は海と一体となり扇浜となっている

(c) ヒロベソカタマイマイの半化石

図 7.3　小笠原南島における散策路（利用経路）と地形・地質学的な見どころ（2010 年 3 月，菊地俊夫撮影）

隆起により南島が陸化し，その後，石灰岩の土地は雨水などにより侵食されて，「ドリーネ」や「ウバーレ」とよばれるすり鉢状の窪地がつくられました。南島では扇池や陰陽池が典型的な「ドリーネ」の地形です（図7.3b）。そのため，南島ではカルスト地形が容易に観察でき，「ドリーネ」や「ウバーレ」の成り立ちを理解することができます。ただし，現在の扇池は波の侵食により海との境の崖に穴が開き，海と繋がってしまったため，白い砂浜からなる扇浜になっています。白い砂浜の扇浜とエメラルドグリーンの海とのコントラストの美しさは観光客にとって人気の自然景観になっています。

　扇浜はウミガメの産卵場所だけでなく，「ヒロベソカタマイマイ」の半化石が多くみられる場所としても知られています（図7.3c）。「ヒロベソカタマイマイ」は200万年前よりも古い時代の化石と考えられていましたが，放射性炭素年代測定により2,000〜1,000年前のものとわかってきました。このカタツムリの仲間は現在でも小笠原諸島に生息し [6]，小笠原固有種として世界自然遺産の重要な構成要素となっています。

　南島では「ドリーネ」と「ドリーネ」の間の石灰岩が溶け残った部分が，鋭くとがった刃物状の尾根になっています。地形学ではこのような尾根を「ピナクル」，溶けてできた溝を「ラピエ」とよび，南島では数多く観察できます。「ドリーネ」を囲む斜面の岩肌の多くは「ラピエ」になっているため，南島の散策道は「ラピエ」の岩場を登ることが少なくなく，一部を除いて歩きにくいものになっています。また，南島に向かう海域でも鋭くとがった「ラピエ」の岩礁が多くみられます。一般に石灰岩の「ラピエ」は植生を寄せ付けませんが，南島では「ラピエ」の岩肌にクサトベラの群落がつくられています。

行き方

　南島はガイドツアーによるエコツーリズムに参加しなければ行くことができません。それは南島のエコツーリズムが次のような自主管理ルール（小笠原ルール）に基づいて行われているためです。南島の自主管理ルールでは，①定められた利用経路（図7.3）以外は立ち入り禁止，②利用時間は最大2時間まで，③1日あたりの利用者数は最大100人まで（南島への上陸は1回あたり15人

図 7.4　ガイドツアーによる南島のエコツーリズム（2010 年 3 月，菊地俊夫撮影）

が限度），④年 3 か月間の入島禁止期間の設定（11 月から翌年 1 月末まで），⑤ガイド 1 人が担当する利用者は 15 人が上限，となっています。このような自主管理ルールにより，無秩序な観光利用やオーバーユースが抑制されています（第 17 章参照）。

　南島のエコツーリズムに参加すると，南島の鮫池（ドリーネ）が上陸場所になります（図 7.3）。上陸する際には，自分が履いてきた靴の底を海水で洗うという作業があります。これは，南島に外来種をもち込まないという姿勢からで，靴底に付着した植物などの種を洗い流す作業です。また，ガイドツアーで散策路を歩く際には敷石の上を歩くようにします。それは観光利用による土壌侵食を最小限にするための配慮からです（図 7.4）。　　　　　　　　　　（**菊地俊夫**）

■**参考文献**
1）NAUTIS 2010：東京都のダム．http://www.nautis.org/tokyoto.html（最終閲覧日：2019 年 9 月 7 日）
2）小笠原村：2019 村営バス．https://www.vill.ogasawara.tokyo.jp/bus/#3117（最終閲覧日：2019 年 9 月 7 日）
3）松山　洋（2018）：写真と図で見る「37 年ぶりの大渇水」　小笠原諸島父島，母島における少雨時（2016 ～ 2017 年）と平常時（2018 年）の状況の比較－．地学雑誌，127，823-833．
4）東京都小笠原亜熱帯農業研究センター（2007）：農業研究センターニュース No.70. http://www.soumu.metro.tokyo.jp/07ogasawara/farm/pdf/No70. pdf（最終閲覧日：2019 年 9 月 7 日）
5）小笠原村観光局（2019）．小笠原に行く－島内交通手段．https://www. visitogasawara.com/guide/（最終閲覧日：2019 年 10 月 19 日）
6）海野　進（2010）：小笠原自然ガイド講習：小笠原諸島の地質．小笠原村．

Ⅲ
自然遺産地に生きる生物

オガサワラヒメミズナギドリ（2015 年 2 月，川上和人撮影）
一時は絶滅も危ぶまれたが 2012 年に小笠原で再発見された。

第8章　小笠原諸島の生態系の特徴

8.1　固有種の宝庫，小笠原

　小笠原諸島の島々は，すべて海底火山の噴火によって形成されました。このような島は海洋島とよばれ，大陸や日本の本土などと陸続きになったことが一度もありません。誕生したばかりの島は溶岩に覆われ，そこには生物はほとんど生息していなかったはずです。そのため現在，島に生息している生物は，人間が運んできた外来種を除いて，すべて海を越えて島にたどり着いた生物の子孫ということになります。大陸や本土から島に渡るためには，鳥や風に運ばれて空を飛んでくるか，流木などに乗るか，海に浮かんで波とともに流れ着くしかありません。そのため，運良く島にたどり着きそこで子孫を残せた生物は，本土や大陸や小笠原諸島以外の太平洋の島々に分布している生物種のごく一部になります。

　小笠原諸島に生息する生物の種類組成（生物相）には，本土や大陸と比べて種数が少なく，特定の分類群を欠くという特徴があります。これを非調和な生物相といって，大陸から隔離された海洋島で一般的に見られる現象です[1]。たとえば，もともと小笠原に生息していた哺乳類は固有種のオガサワラオオコウモリのみです。爬虫類ではオガサワラトカゲとミナミトリシマヤモリの2種のみが在来種です。ヘビや在来の両生類はいませんでした（父島と母島に生息するオオヒキガエルは人間が持ち込んだ外来種です）。鳥類では，キジ類やキツツキ類がいません。土壌動物では，ミミズ（フトミミズ科）がいないかわりにダンゴムシやワラジムシの仲間が多く生息しています。植物では，ドングリをつくるブナ科の植物やマツ科の植物はもともと生育していませんでした。

　偶然，島にたどりついた生物は，本土や大陸に分布する同じ生物種のなかでも，すこし変わった性質をもっていたかもしれません。また，島には競争相手や天敵となる生物が少なかったために，本土や大陸の生息環境とは異なる環境にも分布を広げていけたものもいたと考えられます。同じ祖先の子孫が異なる

環境に広がっていき，そこの環境に適応したものが生き残り世代交代を繰り返しながら，おたがいに交雑しなくなると，それぞれが新しい種（＝固有種）に分化します。つまり，ある島で生まれた固有種は，世界中でその島にしか生息していない生物です。共通の祖先種が，異なる環境に広がっていき，それぞれの環境に適応することにより，複数の固有種が生まれることがあります。この現象を適応放散といいます。小笠原諸島などの海洋島では，適応放散の結果，多くの固有種が生まれたと考えられています。たとえば，小笠原の在来植物の40％（樹木種に限ると70％），陸鳥の80％，陸産貝類（カタツムリ類）の94％が固有種です。小笠原はまさに固有種の宝庫です。

2011年6月29日，ユネスコの第35回世界遺産委員会で，現在も進行中の生態学的・生物学的プロセス（現在進行形の生物進化）が見られること（基準（ix）生態系）に，「顕著な普遍的価値」があると認められ，世界自然遺産リストへの登録が決定しました[2]。南米エクアドルのガラパゴス諸島も小笠原と同じく海洋島としての自然の価値が評価され，1978年に世界自然遺産第1号として登録されましたが，小笠原はガラパゴス諸島のわずか74分の1の狭い面積の中に多くの固有種が分布していることが特徴です。

8.2　小笠原の島々の多様な生態系

小笠原諸島には，海底火山の噴火により流れ出た溶岩により陸地が拡大したばかりの西之島，島が形成されてから数万〜数十万年の火山列島（硫黄列島），4,000万年以上前の海底火山の噴火を起源とする小笠原群島（聟島列島，父島列島，母島列島）など，島ができてからの歴史が数年から数百万年までの様々な成立年代の島々があり，それぞれの年代に応じた生態系が成立しています[3]。

父島や母島が属する古い起源をもつ小笠原群島は，隆起を繰り返しながら侵食されつつあります。また，面積や標高が異なる島が含まれているため，湿性高木林や乾性低木林，荒原植生や海岸植生など多様な生態系が発達しています。そのため，適応放散や群島効果（10.3節参照）により海洋島で顕著に見られる種分化が生じています。

聟島列島

　11：00 に竹芝桟橋を出航した定期船おがさわら丸は，翌朝９：00 頃に聟島列島にさしかかります。甲板に出て鳥影を眺めてみてください。最初に見えるのが北之島です。

　北之島は，外来種のネズミの生息が確認されておらず，卵や雛が襲われることがないため，カツオドリやオナガミズナギドリなど海鳥の楽園になっています。北之島のとなりの平べったい島は聟島（ケータ島）です。さらにその南には，尖った岩が特徴的な針之岩，ややこんもりした形の媒島，そして城壁のようにみえる嫁島が続きます。

　聟島，媒島，嫁島では，かつて外来種のヤギが野生化して増えた結果，島の植物はヤギの食害や踏みつけを受け，森林のほとんどが消失し，現在は草原の島になっています（図 8.1）。特に，媒島では場所によっては草原も消失し，土壌が風雨によって侵食され，海に流れ出てしまったため，岩がむきだしになっ

図 8.1　かつて野生化したヤギにより植物が食害を受け草原生態系にかわった聟島
（2005 年 10 月，加藤英寿撮影）

てしまいました。これらの島々では，外来種対策によりヤギが駆除されて現在はいませんが，一度大きく壊されてしまった生態系の植生が回復するにはまだ時間がかかりそうです。また，戦前に絶滅してしまったアホウドリの復活を目指して，智島では 2008 ～ 2012 年にアホウドリのヒナを伊豆諸島の鳥島からヘリコプターで空輸し，人間が餌を与えるなどの世話をしました[4]。2016 年には巣立った個体が再び智島列島にもどって繁殖に成功しましたが，成功例はまだ数えるほどです。

父島列島

　智島列島をすぎて 1 時間ほどで父島列島の 弟島 と兄島が見えてきます。弟島は，戦前は人が生活していましたが，現在は無人島です。弟島には，絶滅危惧種であるオガサワラグワが生き残っており，純粋なオガサワラグワの復活が期待できる唯一の島です。弟島と狭い海峡を挟んで隣り合っているのが兄島です。兄島は，人間による大きな攪乱を受けたことがない島で，小笠原を代表する植生である乾性低木林が広がっています（図 8.2）。

　乾性低木林は，シマイスノキ，コバノアカテツ，オガサワラビロウなどの，乾燥した環境に適応した樹木からなる高さ 3 ～ 8 m 程度の低木林です。樹種ご

図 8.2　兄島の乾性低木林（2007 年 2 月，可知直毅撮影）

とに特徴のある樹冠の形や色をもつため，外からみると林冠がパッチ状にモザイクをつくっているように見えます。兄島を過ぎると父島が間近に見えてきます。父島は，硫黄島と並び小笠原諸島最大の島ですが，それでも面積は 24 km^2 弱で東京都の品川区をひとまわり大きくしたほどにすぎません。おがさわら丸が入港する二見湾にはエダサンゴの群生地が見られます。二見湾の反対側になるためおがさわら丸の入港時には見られませんが，父島の東側には東島があります。東島は父島の周回都道（夜明道路）沿いの長崎岬から遠望できます。ここには，小笠原を代表する固有植物のオオハマギキョウが群生し（図 8.3）[5]，オナガミズナギドリ，アナトドリ，オガサワラヒメミズナギドリ，セグロミズナギドリなどの海鳥類の貴重な繁殖地にもなっています。

図 8.3 東島（父島列島）のオオハマギキョウ（2011 年 5 月，可知直毅撮影）

西之島

　父島から西に約130 kmのところに西之島があります。西之島は2013年11月に約40年ぶりに海底火山が噴火し，陸地がほぼ10倍（約3 km²）に拡大しました。西之島の噴火は2015年に一旦収束し，わずかに残された旧島部分にオヒシバなど3種の植物とカツオドリなど3種の海鳥，ハサミムシやクモなどの節足動物が生き残っていました。2016年には，噴火後に新たにできた陸地で，海鳥が繁殖を始めていることが確認され，海洋島誕生後の初期段階の生態系が形成されつつあります[6]。西之島は，2019年12月に再び噴火し，2020年6月には噴出した溶岩に旧島部分も埋もれてしまいました。

母島列島

　父島から，ははじま丸でさらに南に50 km行くと母島です。母島には，乳房山（463 m）など父島に比べて標高が高い山があります。標高が高いと雲霧が発生しやすくなり，降水量が多くなるため，湿性高木林とよばれるシマホルトノキやウドノキなどを含む森林が発達します（図8.4）。

　また，母島の乳房山から石門山にかけての標高300〜350 m以上の稜線に近いところには，木になるキク科の固有種ワダンノキや，ハハジマノボタンなどを含む特徴的な低木林がみられます。母島南部や母島属島の向島，姉島，妹島，姪島には，シマシャリンバイなどが優占する特徴的な乾性低木林が広がっています。母島固有種のハハジマトベラやムニンクロキが見られる島もあります。

火山列島

　母島からさらに南には火山列島（硫黄列島）の島々が点在しています。これらの島は小笠原海運が年に1度実施するおがさわら丸による硫黄島クルーズを利用する以外，観光目的では行けない島です（硫黄島クルーズでも上陸はできません）。特に，南硫黄島は，人が定住したことがなく，侵略的な外来種であるネズミがいないため，原生的な生態系が残っている唯一の島です（図8.5）。

図8.4　母島石門の湿生高木林（2004 年 6 月，加藤英寿撮影）
中央の樹木はシマホルトノキ（通称こぶの木），右奥の太い木
はウドノキ。

図8.5　南硫黄島（火山列島）（2007 年 6 月，加藤英寿撮影）

南硫黄島は，島ができてから数万年といわれています。山頂は小笠原諸島の最高標高となる916 mで，標高500 m以上には雲霧林が広がっています。南硫黄島には，エダウチムニンヘゴ，ミナミイオウスジヒメカタゾウムシ，キバサナギガイの仲間など，様々な固有種が生息しています[7]。また，小笠原群島に起源をもつ生物だけでなく，本州や大陸から小笠原群島を飛び越えて火山列島にたどり着いたと考えられる動植物も分布しています。たとえば，ガクアジサイ，メジロやヒヨドリなどは伊豆諸島以北に起源をもつと考えられています。南硫黄島では，本来の海洋島の生態系の特徴である，海鳥による海から陸への栄養供給による物質循環系が保たれています。　　　　　　（可知直毅）

■参照文献
1) 清水善和（2010）：小笠原諸島に学ぶ進化論―閉ざされた世界の特異な生き物たち―. 技術評論社.
2) 日本政府（2010）：日本政府世界遺産一覧表記載推薦書 小笠原諸島. 日本政府.
3) 日本生態学会編（2013）：世界遺産の自然の恵み　エコロジー講座6. 文一総合出版.
4) 南　俊夫著・山階鳥類研究所監修（2015）：ぼくはアホウドリの親になる. 偕成社.
5) 内山麻衣・可知直毅（1999）：父島列島東島のオオハマギキョウの個体群統計. 小笠原研究年報, 22, 29-40.
6) 森　英章ほか（2019）第1回西之島総合学術調査の概略. 小笠原研究, 46, 1-35.
7) 鈴木　創ほか（2017）南硫黄島自然環境調査の概略. 小笠原研究, 44, 1-65.

第9章 小笠原諸島の固有の生物（植物編）

9.1 小笠原の固有植物の多様性

　東京から約1,000 kmの南に位置する小笠原諸島は，周りを海に囲まれた島々です。本州，あるいは周辺の島から遠く離れていることにより，小笠原へ渡っていくことのできる生物も，その種類は限られます。植物の場合，ドングリのような果実をつける植物では，その果実が海を渡ることは容易ではありません。したがって小笠原諸島にはドングリのような果実をつけるブナ科の植物は生育していません。これが小笠原諸島の森の特徴の一つでもあります。多くは鳥によって果実や種子が散布される植物，あるいは風や海流によって散布されるような果実・種子を形成する植物などで占められています。

　小笠原諸島へ渡った植物は，島が大陸から遠く離れているため，ほかの島の同じ種類の植物と接触する機会も少なくなり，たどり着いた島の環境に適応し生活していくことになります。これが島の植物に進化をもたらすきっかけになります。小笠原諸島には現在125種ほどの固有な維管束植物（広義のシダ植物と種子植物）が生育しています。これらは本州や南西諸島などの東アジア，あるいはより南のミクロネシアやハワイ諸島を含むポリネシアから小笠原諸島にたどり着き，小笠原諸島で独自に進化したと考えられています[1]。

小笠原諸島の固有植物

　大陸と陸続きになったことのない海洋島では，固有種の割合が高いといわれています[2]。実際ハワイ諸島では，維管束植物の90%以上が固有種です。小笠原諸島では，維管束植物の約45%が固有種と見なされています[3]。それらの中には，ワダンノキ，オオハマギキョウ，ムニンノボタンなど，125種ほどが含まれます。

　ワダンノキは母島の乳房山の稜線などに自生するキク科の植物ですが，茎が木質化して低木となり，その高さは5 mほどに達します。これほど大型のキク

科植物は東アジアではめずらしく，しかも近縁種が何なのかいまだにわからない，小笠原の固有属を形成する特異な植物です（図9.1）。オオハマギキョウはキキョウ科の多年草ですが，こちらも茎の基部が木質化して高さが2m以上になることもあります。日当たりのよい草地やほかの植物の侵入が少ない海岸近くの裸地に生育します。茎に葉をらせん状に多数つけ，その先端には淡緑白色の花を円錐状に多数つけます（図9.2）が，開花するとその個体は枯れてしまいます。近縁種はハワイ諸島に分布すると考えられています[3]。ムニンノボタンは父島だけに産するノボタン科の低木で，白色の4花弁が特徴的です（図9.3）。母島には，その種内分類群（変種）である，淡い桃色の花弁を5枚つけ

図9.1　ワダンノキ（1980年11月，菅原　敬撮影）

図9.2　オオハマギキョウ（1980年7月，菅原　敬撮影）

図9.3　ムニンノボタン（1980年8月，菅原　敬撮影）

図9.4　ハハジマノボタン（2018年10月，菅原　敬撮影）

るハハジマノボタンが生育しています（図9.4）。これらは，東アジアに広く分布するノボタンが島に渡って分化した可能性があると考えられています[3]。

島の生育環境に適応して複数の種に分化した植物

　小笠原諸島は海底火山の噴出物が積み重なり，海上に現れた島と考えられています。そのため，島ができた当初は，高等植物は生育していなかったはずです。風や海流，あるいは鳥によって島へ運ばれた種子の一部は，新たな環境で発芽し，島の環境に定着していくことになりますが，海洋島には競争関係になりうる植物が少なく，空いた環境に進出しうる余地が残されていると考えられています[4]。この空いている様々な環境に進出し，その異なる環境に適応する過程でいくつかの別の種へと分化することがあります。これは一般に「適応放散的種分化」とよばれていますが，小笠原諸島においてもムラサキシキブ属，タブノキ属，シロテツ属，トベラ属，フトモモ属などの植物で，その例を見ることができます。

　トベラ（トベラ科）は本州の海岸ではよく見かける常緑低木ですが，小笠原諸島では4種類の固有種に分化しています。これらは生育環境や性状，果実の付き方などが互いに異なっています（図9.5）。

　たとえば，シロトベラは島の山地域に広く分布し，やや高木になり，房状に集まった果実を垂れますが，オオミノトベラは内陸部の湿った沢筋に生育し，長い柄のある果実を2〜3個垂れます。一方，コバノトベラは尾根に生育する低木で，葉もほかのトベラより小さくなり，果実はふつう1個で上向きにつきます。ハハジマトベラは母島とその周辺の島々の海岸に生育する低木で，果実はふつう1個が垂れてつきます。これらは小笠原諸島で一つの祖先種から異なる環境に適応して複数に分かれた植物と考えられます[1]。

9.2　小笠原の固有植物の性の多様性

　海洋島植物に共通した現象として，性が雌雄異株（雄花をつける雄個体と雌花をつける雌個体が共存）へ分化した種が多いということが指摘されてきまし

種	生育地・性状	果実の着き方

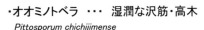

・シロトベラ　……　山地・高木
Pittosporum boninense

・オオミノトベラ　…　湿潤な沢筋・高木
Pittosporum chichijimense

・コバノトベラ　……　尾根・低木
Pittosporum parvifolium

・ハハジマトベラ　…　海岸・低木
Pittosporum beecheyi

図9.5　小笠原の生育環境に適応して分化したトベラ属植物

た。近年，小笠原諸島の固有植物においても雌雄異株へ分化した種や雄性両全性異株（雄花をつける雄個体と両性花をつける両性個体が共存）へ分化した種など，その特異な性の実態が少しずつ明らかになり，海洋島の植物の新たな特性に関心が寄せられています。

　ムニンアオガンピはジンチョウゲ科の灌木で，島内に広く分布する固有種です（図9.6）。本種は琉球列島に分布するアオガンピの近縁種と考えられ，同種が両性花をつける両性個体だけであることから，長い間ムニンアオガンピも両性個体と思われてきました。ところが最近の調査で雌雄異株であることが判明しました（図9.7）[5]。同じような雌雄異株化は，ムラサキシキブ属[6]やワダンノキ属[7]（図9.1）の植物でも確認され，小笠原諸島においてもその割合が高いことが指摘されています。

　ムニンハナガサノキ（アカネ科）は，林縁の木々にからみつくツル性木本植物ですが，世界的にみてもきわめてまれな性である雄性両全性異株へ分化した植物です（図9.8）[8]。両性花をつける個体は果実をつくりますが，おしべで花粉も生産しますので，自家受粉で果実をつくることも可能です。それなのに，花粉しか生産できない雄花だけの雄個体も存在する不思議な性の植物です（図

図9.6　ムニンアオガンピ（2004年6月，菅原　敬撮影）

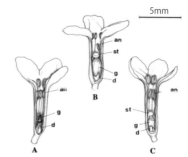

図9.7　ムニンアオガンピの雄花（A）と雌花（B），アオガンピの両性花（C）（文献[5]より）

an：葯, st：柱頭, g：子房, d：花盤

9.9）。ムニンハナガサノキは，これまでアジアからオーストラリア北部や太平洋の島々に広く分布するハナガサノキという種内の別亜種に分類されてきましたが，最近の分子系統解析による研究の結果，ハナガサノキとは系統的に異なり，より東アジアに分布する別の種に近縁であることが確認されました[9]。そのため現在は分類学的に小笠原の固有独立種として扱われています。

　オガサワラボチョウジ（アカネ科）は高さが7mほどに達する小高木ですが，花には長花柱花（めしべが長く，おしべが短い花）と短花柱花（めしべが短く，おしべが長い花）の二型の花があり，それぞれを別個体につける，いわゆる二型花柱性の植物です（図9.10）[10]。海洋島ではこのような二型花柱性の植物は一般に少ないと見なされていますが[11]，小笠原では同属のオオシラタマカズラでも同様な花をつけることが確認されています[12]。

　二型花柱性の植物では，型の違う花同士での交配においてのみ種子ができます。また典型的な二型花柱性の植物では，おしべとめしべの高さが型の違う花の間で相互に一致しますが，オガサワラボチョウジではおしべとめしべの高さがなぜかずれて一致しない状況になっています（図9.10）[10]。野外では長花柱花がもっぱら種子生産を行っていることが報告されていますので，二型花柱性の本来の機能がすでに失われていることが想定されます。このように独特な性を示す植物を小笠原諸島にみることもできます。なぜこのような性に進化し，そして維持されているのか，その理由はまだはっきりしません。しかし島の送

粉昆虫相と深い関わりがあるのではないかと考えています。 （菅原　敬）

図 9.8　ムニンハナガサノキの果実（a），両性花の花序（b），雄花の花序（c）（（a）
は 2018 年 10 月，（b）（c）は 2008 年 6 月，菅原　敬撮影）

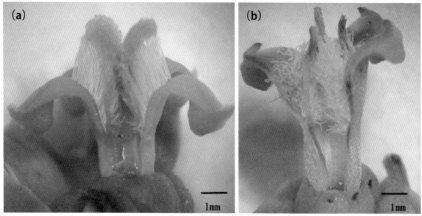

図 9.9　ムニンハナガサノキの両性花（a）と雄花（b）（文献[8]より）

図9.10 オガサワラボチョウジの花序（a），短花柱花と長花柱花（b）（文献¹⁰⁾より）

■参照文献
1）小野幹雄（1994）：孤島の生物たち—ガラパゴスと小笠原—．岩波書店．
2）Carlquist, S.（1974）：Island Biology．Columbia University Press．
3）豊田武司（2014）：小笠原諸島固有植物ガイド．ウッズプレス．
4）伊藤元己（1996）：島嶼における植物の種分化．岩槻邦男・馬渡峻輔編，生物の種多様性．裳華房，259-267．
5）Sugawara, T. et al.（2004）：Dioecy in *Wikstroemia pseudoretusa*（Thymelaeaceae）endemic to the Bonin（Ogasawara）Islands. Acta Phytotaxonomica et Geobotanica, 55, 55-61.
6）Kawakubo, N.（1990）：Dioecism of the genus *Callicarpa*（Verbenaceae）in the Bonin（Ogasawara）Islands. Botanical Magazine（Tokyo）, 103, 57-66.
7）Kato, M. and Nagamasu, H.（1995）：Dioecy in the endemic genus *Dendrocacalia*（Compsotae）on the Bonin Islands. Journal of Plant Research, 108, 443-450.
8）Nishide, M. et al.（2009）：Functional androdioecy in *Morinda umbellate* subsp. *boninensis*（Rubiaceae）, endemic to the Bonin（Ogasawara）Islands. Acta Phytotaxonomica et Geobotanica, 60, 61-70.
9）Oguri, E. et al.（2013）：Geographical origin and sexual-system evolution of the androdioecious plant *Gynochthodes boninensis*（Rubiaceae）, endemic to the Bonin Islands, Japan. Molecular Phylogenetics and Evolution, 68, 699-708.
10）Watanabe, K. et al.（2018）：Pollination and reproduction of *Psychotria homalosperma*, an endangered distylous tree endemic to the oceanic Bonin（Ogasawara）Islands, Japan. Plant Species Biology, 33, 16-27.
11）Watanabe, K. and Sugawara, T.（2015）：Is heterostyly rare on oceanic islands? AoB Plants, 7, doi：10.1093/aobpla/plv087.
12）Kondo, Y. et al.（2007）：Floral dimorphism in *Psychotria boninensis* Nakai（Rubiaceae）endemic to the Bonin（Ogasawara）Islands. The Journal of Japanese Botany, 82, 251-258.

第10章

小笠原諸島の固有の生物（動物編）

10.1　固有動物の進化と起源

　一般に固有種には，遺存固有と隔離分化固有の2通りがあります。遺存固有は，広い分布の種が特定地域のみに生き残り固有種となるものです。隔離分化固有は，地域的に隔離された集団が独自の進化をへて固有種となるものです。

　小笠原諸島は海洋島として独特な生物相をもちます。たとえば，キツネやイタチ，ヘビなどの地上性捕食者，シカやカモシカなどの大型植食者，両生類やミミズなど海水に弱い種は自然分布していません。また，鳥類や昆虫なども極端に種数が少ないのが特徴です。このため島に分布する種にとっては，捕食者や競争者，環境改変者が欠けた特殊な環境となります。このような特殊性から，小笠原では多くの隔離分化固有が生じています。

　小笠原諸島は本州から約820 km南に位置します。同じく海洋島であるガラパゴス諸島と南米大陸の距離が約900 kmであることを考えると，小笠原も同程度に隔離されているといえます。また，陸上生態系を欠いた沖ノ鳥島および異なるプレート上に位置する南鳥島を除くと，小笠原諸島は西に位置する沖縄の大東諸島から約950 km，東の北西ハワイ諸島から約3,800 km，南の北マリアナ諸島から約540 kmの距離があります。小笠原の固有種の起源は北に位置する日本本土だけではなく，東南アジアやミクロネシア，ポリネシアなど西や南に起源をもつ種が多数います。

10.2　在来動物の固有種率

陸域の脊椎動物

　小笠原諸島には1種の哺乳類（固有種オガサワラオオコウモリ，図10.1），2種の爬虫類（固有種オガサワラトカゲと広域分布種ミナミトリシマヤモリ），15

種の陸鳥と 21 種の海鳥が自然分布として記録されています[1,2]。哺乳類，爬虫類，陸鳥の固有種率は 100%，50%，27% です。ただし陸鳥では固有亜種（亜種：別種とするほどではないが地域的に異なる特徴をもつ集団）も多く，これを含めると 87% となります。海鳥は海域を利用するため，どこまでを固有種とよぶかは難しいですが，小笠原諸島でしか繁殖が確認されていない種として 3 種（オガサワラヒメミズナギドリ（第III部扉写真），セグロミズナギドリ，クロウミツバメ）が記録されています。飛行により海上を移動可能な鳥類ですら高い固有種・亜種率を誇っていることは，小笠原諸島がほかの地域から十分に隔離されていることを示しています。また，オガサワラトカゲやセグロミズナギドリ，オガサワラカワラヒワは広域分布種の地域集団とされていましたが，最近は DNA 分析の結果から小笠原の固有種とされています。今後も分類の研究が進めば新たな固有種がさらに見つかるかもしれません。

陸域の無脊椎動物

小笠原諸島の固有種の進化を代表するグループとしては，陸産貝類が挙げられます。これまでに 110 種以上の在来種が見つかっており，90% 以上が固有種です[3]。また昆虫は約 1,400 種が記録され，そのうち約 400 種（約 28%）が固有種です[3]。小笠原では最近でもアニジマイナゴやアニジマセダカツノヤセ

図 10.1　オガサワラオオコウモリ（2017 年 6 月，川上和人撮影）
小笠原諸島唯一の在来陸生哺乳類。

バチなど新種の固有昆虫が発見されており，将来的には500種近くに達すると考えられています。土壌動物ではワラジムシ亜目で在来分布する25種中14種（56%）が，カニムシ類で8種中6種（75%）がそれぞれ固有種とされています[3]。ただし，昆虫以外の節足動物ではまだ調査が進んでおらず，今後の研究が期待されています。

陸産貝類や一部の昆虫は移動性が低いため，小笠原諸島の固有種というだけでなく，列島や島の固有種となっている場合もしばしばあります。陸産貝類のヒメカタマイマイやオトメカタマイマイは母島のみ，アニジマカタマイマイは兄島のみ，クチヒダエンザガイは聟島のみで記録されています[4]。昆虫では南硫黄島のミナミイオウトラカミキリやミナミイオウヒメカタゾウムシなどがいます[5]。

陸水動物

河川や池などの陸水域にも固有種がいます。魚類ではハゼの仲間のオガサワラヨシノボリが，エビ類では9種のうち2種が固有種です[3]。陸水域のエビ類の多くは河川と海とを行き来して生活しますが，固有種オガサワラヌマエビ（図10.2）は，河川の上流部のみに生息する完全陸封型です。淡水エビの陸封化は，ほかの海洋島では見られない特殊なものです。また，貝の仲間のオガサワラカワニナも河川と海を行き来する祖先から，淡水域のみで生活できるように進化しています。

ほかにもオガサワラニンギョウトビケラなどの水生昆虫，オガサワラコブムシやオガサワラモクズガニなどの甲殻類など，陸水域にも多数の固有種が見られます[3]。

10.3　海洋島での特徴的な進化

適応放散と群島効果

海洋島では種数が少なく生態系の中に使われていない資源（空間や食物など）

図10.2　オガサワラヌマエビ（2011年4月，佐々木哲朗撮影）
淡水域のみで生活している。

の空きが多いため，しばしば適応放散により種分化が起きます。適応放散とは，
単一の祖先が異なる環境に進出することで，各環境に適応した系統への進化が
比較的短期間で生じることをいいます。

　小笠原のカタマイマイ類は日本本土でふつうに見られるマイマイ属に近縁
で，単一の祖先から化石種を含む少なくとも27種に種分化しました。その過
程では，一つの系統内で樹上性，半樹上性，地上性などへ種分化する現象が何
度も起きています。特に母島ではこのような種分化が少なくとも4回生じてお
り，顕著な適応放散を示す例となっています。また，昆虫のオガサワラヒメカ
タゾウムシ類でも，地上性の種や樹上性の種などが同所的に見られており，適
応放散の例の一つと考えられています[6]。

　ただし，諸島内での種分化には群島効果が働いている場合もあります。群島
効果とは，島間が海で隔離されることで遺伝的な交流が制限され，各島で異な
る系統に分化する現象です。

　陸産貝類やオガサワラヒメカタゾウムシ類では島や列島ごとに固有の系統が
進化していますが，これには群島効果が働いていると考えられます（図10.3）。
海洋島では適応放散と群島効果がともに働いて，多くの固有種が生まれていま
す。

雲霧林への適応

　南硫黄島や北硫黄島，母島などの高標高地では雲霧林が形成されています。雲霧林は一年の長い期間を通して霧がかかる湿度の高い森林で，特殊な環境ゆえに特殊な固有種が進化しています。

　母島にはオガサワラフナムシという固有のフナムシがいます。一般にフナムシは海岸で海水を体内に取り込むことで乾燥を防いでいますが，オガサワラフナムシは雲霧林の陸域に生息するフナムシです [3]。雲霧林は湿度が高いため河川や海に依存しなくても生きていけるよう進化したと考えられます。

　同じく母島の雲霧林には，オガサワラオカモノアラガイとテンスジオカモノアラガイという固有の陸産貝類がいます。その殻は小型化しており，体を殻の中に隠すことができません。特にオガサワラオカモノアラガイは殻が小さく，湿潤な環境により適応して進化しているといえます（図 10.4）。

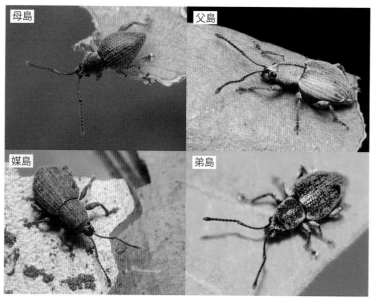

図 10.3　オガサワラヒメカタゾウムシ類（母島：2009 年 9 月，父島：2011 年 5
　　月，媒島：2010 年 6 月，弟島：2008 年 6 月，森　英章撮影）
少なくとも 8 種 14 亜種に分化。

少産少死の進化

　島の生物は，捕食者や競争者となる種が少なく死亡率が低くなるため，しばしば高密度化します。このような場合は種内での競争が激しくなります。種内競争が激しくなると，多数の小さな子どもを生むより，競争に強い子どもを少数生む戦略が進化しやすくなります。このため，島では卵数が減るとともに卵のサイズが大きくなる傾向があります。また鳥類では子の生存率を高めるため子育て期間が長期化する場合もあります。

　カタマイマイ類の祖先は本州などにいるマイマイ属で，直径 1.5 mm 程度の卵を一度に 20 〜 30 個ほど産みます。しかし，カタマイマイやチチジマカタマイマイなどは直径 5 mm を超える大きな卵を 2 個ほど産みます。ヌマエビ類では長径約 0.5 mm の卵を一度に 1,000 個以上産む種もいますが，オガサワラヌマエビは直径約 1 mm の卵を 20 〜 30 個ほどしか産みません。島の固有種では生活史にも独自の進化が見られるのです。

固有種メグロに見る進化

　母島の林内ではメジロ科の小鳥であるメグロが地上や樹幹で採食しています[7]（図 10.5）。これは，地上で鳥を襲う肉食哺乳類や，樹幹のスペシャリストであるキツツキのような競争者がいないためと考えられます。また，本土のメ

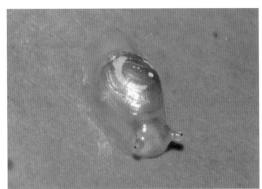

図 10.4　オガサワラオカモノアラガイ（2016 年 9 月, 和田慎一郎撮影）
雲霧林に適応し殻が小型化。

図10.5　メグロ（2007年1月，川上和人撮影）
母島では湿性高木林から集落まで広く分布。

ジロ類は4～6個を産卵しますが，メグロは2～4個程度と少なく，そのかわりに巣立ち後も長期間子育てをします。

　鳥は飛行による移動性の高さが特徴の一つですが，島ではしばしば移動性が低下します。メグロは母島列島の母島，向島，妹島にのみ生息しています。母島とほかの島の間は約5km しか離れていませんが，DNA分析から島間で遺伝的な交流がないことがわかっています。海の中で孤立している島では，遠くまで移動しようとする個体は定着場所が見つからず，移動性が低いほうが陸地に定着して生き残りやすい可能性があります。また，種内での競争を勝ち抜いて縄張りを手に入れるには，地の利のある出生地周辺のほうが有利なのかもしれません。移動性が低下するとほかの地域の集団との交流が減り，固有化が進む一因ともなると考えられます。

　固有種は長い時間をかけて島の環境に適応して進化しています。彼らの行動を観察することは，島という環境を理解することにつながるのです。

（川上和人）

■参照文献
1）川上和人（2019）：小笠原諸島における撹乱の歴史と外来生物が鳥類に与える影響．日本鳥学会誌，68，237-262.
2）小笠原自然環境研究会（1995）：フィールドガイド小笠原の自然－東洋のガラパゴス．古今書院.
3）日本政府（2010）：日本政府世界遺産一覧表記載推薦書 小笠原諸島．日本政府.
4）千葉　聡（2009）：崖淵の楽園　小笠原諸島陸産貝類の現状と保全．地球環境，14，15-24.
5）森　英章ほか（2018）：南硫黄島の昆虫相とその特殊性．小笠原研究，44，251-288.
6）森本　桂ほか（2015）：日本の昆虫 vol.4．櫂歌書房.
7）川上和人（2011）：メグロはどこから来て，どこへ行くのか．どうぶつと動物園，63，180-185.

第11章 小笠原諸島における外来生物の影響と対策

11.1　外来生物の脅威

　外来生物（外来種ともいいます）とは，人間の活動により，もともと生息していなかった地域に入り込んだ生物個体あるいは生物種のことです。小笠原のような海洋島の生態系は，外来生物の侵入に対して脆弱です。小笠原にはすでに多種多様な外来生物が侵入し定着しています。そのため，小笠原の自然の価値が外来生物によって損なわれないように，様々な外来種対策が実施されており，観光客や島の住民にも協力が求められています[1]。東京の竹芝桟橋では，おがさわら丸に乗船する際，靴底の泥などを落とすためにマットの上を通ります。さらに，父島の二見港でおがさわら丸から下船する際も，同様にマットが敷かれていて，環境省の職員が目を光らせています。また，ははじま丸で父島から母島に渡る際にも，海水に浸されたマットの上を歩いて乗下船します（図11.1）。

　これらは，本来小笠原にいない植物の種子や，小笠原の自然の価値を代表する陸産貝類の天敵であるニューギニアヤリガタリクウズムシなどを，人の往来とともに移動させないための対策の一つです。

　1830年に欧米系やポリネシア系・ハワイ系の人たちが小笠原に住み始めて以来，人の移動とともに，意図的にも非意図的にも多くの外来生物が小笠原に入ってきました。太平洋戦争末期には，ほとんどの島民が本土に強制疎開させられました。戦後の1945年に，小笠原では沖縄や奄美とともに米軍による統治が始まりましたが，多くの島民は帰島が許されませんでした。そのため，手つかずになった農耕地が二次林化するなどして，特に母島ではアカギなどの外来種の樹木が優占する森林が繁茂するようになりました（図11.2）。

　小笠原は1968年に日本に返還されましたが，その後入植が再開され，それとともに，新たな外来生物の侵入も増加したと考えられます。現在の小笠原は，固有種の宝庫であると同時に外来種の宝庫でもあるのです。モクマオウ，アカ

図 11.1　ははじま丸下船時，外来生物を広げないためにマットの上で靴底を洗う（母島）（2010 年 3 月，可知直毅撮影）

図 11.2　外来樹アカギの純林（母島，桑ノ木山）（2011 年 7 月，可知直毅撮影）

ギ，ギンネムなどの樹木，グリーンアノール，ニューギニアヤリガタリクウズムシ，クマネズミやドブネズミ，ヤギ，セイヨウミツバチなど，多種多様な外来生物が，小笠原の自然の生態系にとって大きな脅威となっています。

11.2　外来動物とその対策

　グリーンアノールは，北アメリカ原産のイグアナ科のトカゲです。小笠原には，ペットとしてあるいは資材に紛れて入り込んだといわれています。このトカゲは昆虫を餌としています。もともと天敵の少ない海洋島で進化した固有生物の多くは，毒や針など天敵から身を守るすべを持たないため，有人島の父島や母島では昆虫が激減しました。そこで，固有昆虫がまだ生息している無人島にグリーンアノールが広がらないように，父島の港周辺などでは，粘着式のトラップを仕掛けるなどして重点的に駆除が行われています（図 11.3）。

　ところが，2013 年 3 月 22 日，多くの固有昆虫が残っている兄島でグリーンアノールが見つかりました。兄島には，小笠原の植生を代表する乾性低木林が広がっています。もしグリーンアノールが兄島で増えれば，そこの昆虫相は壊滅的な打撃を受ける危険性があります。昆虫が絶滅すると，それらの昆虫により送粉（花粉媒介）されている 70 種以上の植物の種子ができにくくなり，結果として乾性低木林の生態系が保てなくなってしまうかもしれません。そのた

め，発見から 5 日後の 3 月 27 日，小笠原諸島世界自然遺産科学委員会は兄島に侵入したグリーンアノールに関する非常事態宣言と緊急提言を公表しました[2]。現在，兄島ではグリーンアノールが島内で広がらないよう，大規模なアノール捕獲柵をつくり，粘着式トラップを多数置くなどの対策事業が進められています（図 11.4）。

　ニューギニアヤリガタリクウズムシは，長さが数 cm の，ナメクジを長くのばしたような形をしている土壌動物です（図 11.5）。世界の侵略的外来生物ワースト 100 のひとつで，環境省により特定外来生物にも指定されています。父島では全島に広がりつつあり，父島の陸産貝類は壊滅的な影響を受けています[3]。幸い，母島には侵入が確認されていません。駆除方法が確立していないため，人の靴底などについて広がらないように注意が必要です。海水に弱く，父島から母島に入らないよう，ははじま丸の乗下船時に海水に浸したマットで靴底をきれいにするのはそのためです[4]。酢にも弱いことがわかっているため，保全上重要な地域に入る入口には，靴底に吹きかけるための酢が用意されています。

図 11.3　粘着トラップと捕らえられたグリーンアノール（父島, 宮之浜）（2015 年 11月，ダニエル・ロング撮影）

父島ではすでにニューギニアヤリガタリクウズムシが入ってしまっていますので，これ以上人為的に広げないように，重要地域の外に出る際にも靴底に酢を吹きかけるようにしてください。父島にある世界遺産センターでは，ニューギニアヤリガタリクウズムシにより絶滅に瀕した陸産貝類の人工飼育の様子を見学できます。

図 11.4　グリーンアノールの拡散を防ぐ柵（兄島）（2013 年 8 月，可知直毅撮影）

図 11.5　陸産貝類の天敵である外来種ニューギニアヤリガタリクウズムシ（父島）（2005 年 4 月，加藤英寿撮影）
体長は 5 cm 程度。

ギンネムは中南米原産のマメ科の低木で，家畜の飼料などにも利用されていますが，世界の外来侵入種ワースト 100 のひとつです（図 11.6）。1862 年に小笠原に入ったとされます。根粒という特殊な根から空気中の窒素ガスを窒素栄養として吸収できるため，やせた土地でも旺盛に成長し，台風などで木が倒れた跡地など開けた場所を中心に広がっています。ギンネムが生態系に入り込むと，在来樹種のヒメツバキの発芽や芽生えの成長が抑えられることがわかっています[5]。これは，アレロパシー効果といって，ギンネムから出てくるミモシンという化学物質が原因と考えられています。

　小笠原では，現在 150 種以上の外来植物が野生化しています。外来種が増加すれば，それだけ種の多様性は高まるので，生物多様性も高まることになり，生態系にとってはかえってプラスになると思われるかもしれません。しかし，問題は新たな外来種が増加するスピードなのです。小笠原には，固有種を含め

図 11.6　**攪乱地に広がるギンネム（父島）**（2012 年 11 月，畑　憲治撮影）

421 種の在来植物が知られています。これらの在来植物種は，島ができてから100 万年以上かけて自然移入や種分化により増加してきたと考えられます。その増加速度は，平均しておよそ数千年に 1 種程度です。一方，外来植物は小笠原に人が定住を始めた 1830 年以来，約 190 年間に 150 種が野生化したことになります。外来植物の種数の増加速度は，およそ 1 年に 1 種程度になります。外来植物種が，在来の植物種に比べて平均して数千倍の速度で増える状況では，生態系の中での生物同士の関係を安定に保つのは難しいのです。

11.4　外来生物の順応的管理

　小笠原では，環境省，林野庁，東京都，小笠原村などの行政が，地元 NPO，研究者などとも連携して様々な外来種対策事業を実施しています。海洋島のような特殊な生態系を対象に外来種対策をすすめるうえで，特に気をつけなければならないのは，ある外来種を駆除することで，ほかの外来種が増えないかという点です。小笠原では，多くの外来種がすでに生態系の中に組み込まれています。そのため，外来種同士や，もともと生息していた在来種との間の生態学的な関係（種間相互作用）を考えて外来種対策を計画することが重要です。そこで，小笠原では外来種を駆除したあと，生態系が想定どおり回復していくかをモニタリングしつつ，必要に応じて対策手法を変更するという「順応的管理」が実践されています[6]。

　小笠原諸島の聟島列島の島々では，第二次世界大戦後にヤギが野生化して増えた結果，森林が草原や裸地にかわり，さらに表土が流出し生態系の機能が大きく劣化しました（図 11.7）。そこで，東京都により野生化したヤギ（ノヤギ）の駆除が行われました。ノヤギが駆除されたあと，草原が回復し，カツオドリなどの海鳥の営巣も増えました。海鳥は，海で魚などを獲り陸上に運んできます。また，その死体は分解されて土壌に返り，植物の栄養源になります。一方で，わずかに残っていた森林はほとんど回復することはありませんでした。また回復した草地では，外来樹のギンネムが広がってきました[7]。これは，ギンネムを食べていたノヤギがいなくなったためと考えられます。

図 11.7　野生化したヤギにより植生が破壊された媒島（2011 年 7 月，可知直毅撮影）

11.5　ノベル生態系

　小笠原の自然の価値は，「進化の見本」にあります。進化は，時間の経過とともに起こる歴史的な過程であるため，もとにもどすことはできません。つまり，小笠原の自然環境保全の基本は「生物進化の歴史性を損なわない」ということになります。実は，自然再生は，新たな自然を創る行為であり，進化の歴史を巻きもどすことはできません。外来生物をすべて駆除できたとしても，絶滅した在来種が復活することはありません。

　生態系の機能がもとにもどらなければ，もとの生態系を復元することはできません。現実的な生態系の管理目標を設定するうえで，ノベル生態系という考え方を紹介します。この「ノベル」は「小説」ではなく「新規の（新しい）」という意味です。ノベル生態系とは「人間の影響を受ける前の生態系とは異なる，人間が管理しなくても持続可能な生態系」と定義されています[8]。生態系はある程度の攪乱を受けても，もとの状態にもどる復元力（レジリエンス）をもっています。しかし，大きな攪乱を受けるともとの状態にもどれなくなり，もと

の生態系とは異なる新しい生態系にかわるはずです。この新しい安定した生態系がノベル生態系です。たとえば，在来種と外来種が共存しながら持続する生態系は，その種組成はもとの生態系とは異なりますが，生態系の機能は安定的に維持されているノベル生態系といえます。すでに大きな攪乱を受け，生態系の機能が極端に劣化した生態系をどのように回復させていくかを考えるうえで，ノベル生態系の考え方が使えるかもしれません。

　小笠原には固有の自然とともに，固有の歴史や文化が育まれています。世界遺産の自然と共生する社会の実現は，外来種対策など行政主導の取組みだけではできません。島民の日常生活や習慣に根ざしたボトムアップ型の取組みがますます重要になりつつあります。小笠原における人と自然の共生にむけて，人の価値観は多様です。多様な価値観を前提とした協働が大切です。（**可知直毅**）

■参照文献

1) 環境省（2012）：小笠原を訪れる方へ（外来種を持ちこまないためには）．小笠原自然情報センターホームページ http://ogasawara-info.jp/mamorutamenorule/gutaitekiniha.html （最終閲覧日：2020年7月4日）

2) 環境省（2013）：小笠原諸島世界自然遺産地域「兄島」におけるグリーンアノールの確認について（科学委員会発言）．環境省関東地方事務所報道発表資料．http://kanto.env.go.jp/pre_2013/0329a.html （最終閲覧日：2020年7月5日）

3) 大林隆司（2006）：ニューギニアヤリガタリクウズムシについて－小笠原の固有陸産貝類への脅威－．小笠原研究年報，29，23-35.

4) 大林隆司（2008）：続・ニューギニアヤリガタリクウズムシについて―小笠原におけるその後の知見．小笠原研究年報，31，53-57.

5) 畑　憲治・可知直毅（2004）：在来樹種ヒメツバキの定着に対する外来木本種ギンネムの影響．小笠原研究年報，27，75-85.

6) 環境省・林野庁・文化庁・東京都・小笠原村（2018）：世界自然遺産小笠原諸島管理計画2018年3月版．小笠原自然情報センターホームページ　http://ogasawara-info.jp/pdf/isan/kanrikeikaku_nihongo1803.pdf （最終閲覧日：2020年7月5日）

7) 大澤剛士ほか（2017）：ノヤギの駆除が外来植物ギンネムの繁茂を促進する．小笠原研究年報，40，13-23.

8) Hobbs, R. J., et al. eds.（2013）：Novel Ecosystems：Intervening in the New Ecological World Order. Wiley-Blackwell, UK.

第12章 小笠原の生物に出会う エクスカーション

　都心から父島まで約 1,000 km，これまで一度も大陸とつながったことのない小笠原諸島では，様々な動物や植物があらゆる方法で辿り着き，そこで独特の進化を遂げていきました。この章ではそんな魅力あふれる生物に出会える島々のスポットを紹介します。

12.1　大神山公園で気軽に会える小笠原の生物

　おがさわら丸を降りてすぐ目の前に見える山は大神山_{おおがみやま}とよばれ，その名のとおり中心に神社が祀られており，島民には一番身近な都立公園です[1]。ここは，山の麓にある複数の入口から様々なコースが整備されているため，気軽に小笠原の生物たちに出会える散策スポットになっています。船客待合所からは，南入口が最も近く，山頂までの石階段をゆっくり登って 20 分程度で展望台に到着します。展望台は，ボニンブルーの海や父島の街並みを一望できる絶景ポイントになっています（図 12.1）。

　散策路沿いには，タコノキ，テリハハマボウ，ムニンアオガンピなどの小笠原の在来植物が多く生育しており，所々に樹名板が設置してあるので小笠原の植物について知りたい方におすすめです。年中，黄色い花を咲かせているのは固有種のテリハハマボウで（図 12.2），海岸域に生育するオオハマボウの祖先種から進化したとされています。一日花であるため，昼は黄色い花をしていますが，夕方には橙色に変わり，花を落とします。

　晴れた日は，固有亜種のオガサワラヒヨドリやハシナガウグイス（図 12.3）などの鳥たちに出会えます。警戒心が低いためか，じっと観察しているとこちらに寄ってくることもあるでしょう。ハシナガウグイスは内地のウグイスに比べて体が小さく，名前のとおり嘴_{くちばし}が長いのが特徴です。個体によっては鳴き声も少し変わっており，ホーケッキョ，ホーケッケッなど，独特な鳴き方をします。是非，実際に訪れて，その変わった鳴き声を聞いてみて下さい。

図 12.1　父島大神山公園展望台からの風景（2020 年 2 月，後藤雅文撮影）

図 12.2　テリハハマボウの花（2017 年 7 月，後藤雅文撮影）

図 12.3　ハシナガウグイス（2018 年 10 月，後藤雅文撮影）

12.2　初寝浦線歩道で小笠原の生物に出会う

　奥村地区から夜明道路に入り，車で 15 分程，野生化したヤギやネコの侵入を抑えるための長大なネット柵が見えはじめた所に初寝浦線歩道の入口があります。終点の初寝浦海岸はアオウミガメの産卵地であり，人の出入りもまばらなためプライベートビーチのような感覚で海水浴も楽しめます。入口から展望休憩地までは，アップダウンの少ない道を 20 分程歩き，そこから海岸までは

勾配のある下り道を 20 分程歩きます。そのため，サンダルではなく靴底のしっかりした靴を用意しておくことをお勧めします。歩道沿いでは様々な小笠原の在来植物を観察できるほか，希少種アカガシラカラスバトの生息状況を把握するための自動撮影カメラや，外来種であるノネコを捕獲するための罠が設置されており，小笠原で実施されている保全対策の一部分を垣間見ることもできます。急な下り道を終えて辿り着く初寝浦海岸には，大きな砂浜が広がっており，夏のアオウミガメの産卵時期には，昼の湾内に浮かぶ親亀の姿が見られることもあるでしょう。砂浜にはツノメガニ（図 12.4）などのスナガニの仲間が生息しており，その逃げ足の速さに驚かされます。砂浜に開いている穴は彼らが掘ったもので，じっと見ていると，ひょっこり顔を出してきます。さらに見続けていると，ゆっくりと体を出し，巣穴を広げるために掘った砂の塊をせっせと外に捨てていく姿も見られ，足が速いだけでなく働き者の一面も観察できます。

　海岸に流れ込む沢には，オガサワラヨシノボリ（図 12.5），ボウズハゼ，ヌマエビの仲間等が生息しており，淡水性の水生生物を観察することもできます。帰り道は急な上り道になりますので，足元に気を付けて，水分補給と休憩時間を十分にとりつつ，ゆっくりと帰りましょう。

図 12.4　ツノメガニ（2019 年 12 月撮影，
　　　　 後藤雅文所有）

図 12.5　オガサワラヨシノボリとヤマトヌ
　　　　 マエビ（2019 年 12 月撮影，後藤
　　　　 雅文所有）

12.3　東平サンクチュアリで希少な生物に出会う

　初寝浦線歩道入口から南へ少し進んだところに東平サンクチュアリの入口が
あります。ここはアカガシラカラスバト（図 12.6）や希少植物などの保全地域
になっており，初寝浦海岸から鳥山まで続く長大な柵で囲まれ，アカガシラカ
ラスバトを捕食するノネコや，希少植物を食害するノヤギの侵入を防いでいま
す。サンクチュアリの大部分は，自然公園法により特別保護地区に指定されて
いるため，植物の損傷や動物を捕獲することなど，自然に影響を与える行為が
規制されています。観光を目的に利用するためには島内ガイドなど，事前に入
林講習を受けた人の同行が必要になります。詳細は小笠原村観光協会のホーム
ページなど（章末参照）で観察のルールが公開されていますので，事前にチェ
ックしておくことをお勧めします。

　林内にはいくつかの散策路がありますが，いずれも父島の特徴的な植生であ
る乾性低木林を観察することができます。東平でしか見られないようなチチジ
マクロキ，ムニンノボタン，ナガバキブシなど，環境省レッドリストに記載さ
れている多くの希少植物が自生しています。散策路の一つである初寝山に向か
うルートでは，終点の初寝山までに少しずつ形態的特徴を変化させる植物たち
を観察できます。たとえば，入口付近で見られるアカテツ（在来種）（図 12.7）
は，葉が大きくて薄く，樹高が 5 m 以上に成長しているものも見られますが，
終点の初寝山展望地にいくと葉が小さく厚く，樹高も 1 m 程度になり，その姿

図 12.6　アカガシラカラスバト（2017 年 12
　　月撮影，後藤雅文所有）

図 12.7　初寝山展望地のアカテツ（2017 年
　　10 月，後藤雅文撮影）

の違いに驚かされることでしょう。表土の深さや風の強さなどによって，形態を変え適応させていく，まさに進化の過程にある植物たちの姿を垣間見ることができるスポットとなっています。

12.4　母島の生物に出会う

　父島から，ははじま丸に乗船して約2時間，距離にして約50 km 南下すると母島があります。そこでは，父島とはまた違った自然の姿を見ることができます。母島は，父島よりも標高が高く切り立った地形をもち，雲霧林を形成することで知られ，土壌や水分条件に恵まれている場所では湿性高木林とよばれる特徴的な植生が形成されました。

　母島には，父島の陸産貝類に多大な悪影響を与えたニューギニアヤリガタリクウズムシが侵入していないため，世界自然遺産登録の決め手の一つとなった固有陸産貝類を今でも見ることができます。樹上で進化を遂げたカタマイマイや，貝殻のほとんどを退化させたオガサワラオカモノアラガイなど（図12.8），様々な環境の中で適応し進化を遂げていった多様な姿を見せてくれます。ほかにも，メグロ（固有種）（図12.9）は，小笠原諸島でも母島列島でしか見ることのできない鳥です。メグロは船を降りてすぐの沖村地区を歩いていても観察できる身近な鳥ですので，朝早く起きてバードウォッチングに出かけてみてもいいかもしれません。

図12.8　オガサワラオカモノアラガイ
（2017年頃，後藤雅文撮影）

図 12.9　メグロ（2017 年頃，後藤雅文撮影）

　母島には，自然観察ができるたくさんの歩道がありますが，そのうち，母島山稜線西側ルートは，沖村地区の奥に入口がありアクセスがよく，だれでも散策することが可能です。入口から乳房山山頂までは，のんびり歩いて往復5〜6時間程度，その途中では母島ならではの動植物たちに出会えます。特に，山頂付近に近づくにつれて固有種が多く見られるようになり，母島列島だけに生育しているハハジマノボタンや，めずらしい木本のキク科植物のワダンノキなどを観察できます。ほかにも，雨が降ったあとは，タコノキやヤエヤマオオタニワタリの葉の裏にオカモノアラガイなどの陸産貝類がはっていることもあり，母島列島でしか見られないような生物を観察することができるでしょう。

　また，母島南端の南崎に至るルートは比較的なだらかで，途中で美しい入江やビーチをいくつも経由しながら，小笠原の典型的な海岸植生やメグロなどを存分に観察することができます。これらのルートは単独で歩くこともできますが，母島の自然を楽しみながら深く知るには，地元の自然ガイドに案内してもらうことをお勧めします。

図 12.10　ははじま丸乗船時の外来種対策
（2018 年撮影，後藤雅文所有）

図 12.11　外来種対策設備（2016 年撮影，後藤雅文所有）

12.5　小笠原の生物に出会う前に

　小笠原の生物に出会う際には外来種の持ち込みなど，生態系に影響を与えないように各々が十分に心がけ行動することが大切です。おがさわら丸・ははじま丸乗下船時の靴裏の洗浄（図 12.10）や，歩道入口にある外来種対策の設備などを積極的に利用し（図 12.11），小笠原諸島の生態系に足を踏み入れる準備をしましょう。また，ほとんどの山域では指定された歩道以外には立ち入ることができず，場所によってはすべての生物を採ることが規制されています。生物を観察するルールについては，父島では小笠原村観光協会[2]やビジターセンター[1]などで，母島では母島観光協会[3]などでそれぞれ情報を発信しています。ほかにも生物を観察できるポイントなども紹介していますので，小笠原の生物に会いに行く前に立ち寄るのもよいでしょう。（**後藤雅文・加藤英寿・川上和人**）

■参考文献
1）東京都公園協会：小笠原ビジターセンター・大神山公園　https://www.tokyo-park.or.jp/nature/ogasawara/（最終閲覧日：2020 年 12 月 13 日）
2）小笠原村観光協会 https://www.ogasawaramura.com/（最終閲覧日：2020 年 12 月 13 日）
3）小笠原母島観光協会　http://hahajima.com/（最終閲覧日：2020 年 12 月 13 日）

Ⅳ

自然遺産地と共生する
歴史文化と生活

毎回, 恒例となっている東京に向かう「おがさわら丸」を見送る島民たちの姿 (2010 年 3 月, 菊地俊夫撮影)

第13章 小笠原の歴史

13.1 大航海時代から江戸幕府探検隊まで

　ベネチアの商人マルコ・ポーロは，13世紀後半に四半世紀にも及ぶ「東方旅行」を行い，元のフビライ・ハンに仕えた人物です。彼の口述に基づいたいわゆる『東方見聞録』は，日本を黄金の国としてチパング Chipangu の名で初めてヨーロッパに紹介しました。曰く「この国では至る所で黄金が見つかるものだから，国人は誰でも莫大な黄金を所有している」「この国王の一大宮殿は，それこそ純金づくめで出来ているのですぞ」。

　ところが，16世紀半ばにスペイン・ポルトガルの宣教師が実際に日本に来てみると，話が違っていたことがわかります。そこで，「金銀島」が日本の東方海上にあるのではとの希望的観測がヨーロッパで伝説となり，探検航海者の夢をかき立てました。

　17世紀に入ると，タスマニアを発見したタスマンとクワストのオランダ艦隊が，1639年に小笠原を望見したといわれています。18世紀には有名なキャプテン・クックの英国艦隊も，クックがハワイで不慮の死を遂げたあとの1779年に，小笠原の島々を望見・命名しています[1]。

　かつての日本人にとって，小笠原はどのように認識されていたのでしょうか。1670（寛文10）年に，阿波国の蜜柑船が遠州灘で遭難しました。漂着したのが，今日の母島と推定されています。彼らは不幸にも船頭を失いましたが八丈島経由で帰還し，巽の方角にある無人の島のことを役所に届け出ました。そこで幕府は，長崎代官末次平蔵に命じて，1675（延宝3）年に島谷（嶋谷）市左衛門を隊長とし，32名からなる探検隊をこの「人無き島」に派遣します。いわゆる鎖国時代ながら，この探検には唐船とよばれる500石積の外洋船「富国寿丸」が使われました。

　この探検隊は日本領を示す標柱を立て，神社を作り，鶏を放ち，測量した地図・海図と博物標本多数を持ち帰って幕府に提出しました。そこで幕府は，こ

の諸島を総称して無人島と命名しました。この時代，ムジントウでなくムニンジマとよばれていたようです。

　かくして，無人島は時の話題となり，現在の小笠原諸島を指す固有名詞として，江戸時代を通じて使われることになりました。

13.2　18世紀の小笠原・江戸・世界情勢

　ところが1728（享保13）年に小笠原一門を自称する牢人，小笠原貞任が，「無人島はわが祖先貞頼が発見し，家康公から賜った領地です」と幕府に渡島許可を願い出る一件が起こります。貞任は著者不明の『巽無人島記』をその証拠として提出しましたが，そこに丸く描かれた「父島」は横26里，長さ90里と台湾くらいの大きな島でした。別途差し出した「覚」には「おっとせい多く島より島へおよぎ渡る」とあり，とても亜熱帯の島とは思われません。こうした内容から，「信憑性は問題外」との指摘があります[2]。小笠原宗家による家系図調査が小笠原貞頼の存在を否定したこともあり，1735（享保20）年になって小笠原貞任は幕府によって重追放の刑に処せられて終わったのですが，この事件が，のちに紹介するように，幕末の国際関係の中で無人島が「小笠原」とよび換えられる遠因となったのは興味深いことです。父島，母島，兄島などファミリー系の名称も，小笠原貞任が幕府に提出した書類で使用したのが最初とされています。

　なお，1690年代はじめに長崎オランダ商館に駐在していたドイツ人医師ケンペルの遺稿を英訳・編集した『日本誌』（1727［享保12］年）がロンドンで出版され，無人島を「ブネジマ」と紹介しています。その後『日本誌』はフランス語，オランダ語，ドイツ語版も刊行され，ヨーロッパで日本に関する最有力の情報源となりました。

　ところが，国内では幕府探検隊の小笠原発見が公的には，ある意味で封印されてしまいました。それは探検事業を成功させた功労者である長崎代官，末次家が，その後，海外貿易で蓄えた莫大な富を幕府に憎まれ，取り潰し・家財没収の悲運に見舞われたためとする研究もあります[3]。

18 世紀後半，日本沿岸に外国船が姿を見せるようになりました。仙台の警世家，林子平は特にロシアの南下に危機感をもち，1786（天明 6）年に『三国通覧図説』を著しました。林子平は主に朝鮮・琉球・蝦夷について書いていますが，その付録に「小笠原島一名無人島八十余島」と題した地図を載せ，『巽無人島記』の小笠原貞頼発見説を紹介しています。この地図は，林子平が長崎で，探検隊長だった島谷家に伝わる地図を写したものといわれています。転写が繰り返されたためか，父島の二見湾が北向きになっているのが特徴です。

13.3 ## 19世紀の小笠原①

命名

19 世紀初頭のヨーロッパといえば，パリが世界の学問の中心でした。パリにあるコレージュ・ド・フランスは，大学に先駆けて中国学講座を開設した高等教育機関です。その初代レミュザ教授は『三国通覧図説』を入手して論文にまとめて紹介した際，「無人島」を「ブネジマ」としたケンペルは誤りであると指摘しましたが，彼自身も誤って「ボニン Bo-nin（のち Bou-nin とも）」と綴って掲載しました（1817 年）[4]。これを知ったロンドンの地図業者アロウスミスが「太平洋海図」の 1820 年改訂版に小笠原諸島を追加して，Bonin Islands（ボニン諸島）と印刷してしまいます（図 13.1）。アロウスミスの海図でも父島・二見湾が北向きとなっており，林子平の影響が確認できます。1820 年代に入り，やはりパリ在住の東洋学者クラプロート教授がレミュザを批判して「ムニンシマ Mou nin sima」という正しい読みを提唱したときには，すでに遅かったのです[5]。

ボニン諸島を記載したアロウスミスの海図を携えて，英国海軍の測量艦ブロッサム号が 1827（文政 10）年に小笠原に来航しました。海図の示すボニン諸島の位置に到着したのに，その翌朝になっても陸地がまったく見えなかったと，ビーチー艦長が航海日誌に記録しています。ビーチーは後年，中将で退役して英国地理協会の総裁となった人物です。ブロッサム号は数時間後にようやく島

影を発見。ビーチーはまず部下を送り，翌日には艦長自ら上陸しています。彼らは父島で，前の年に難破したロンドンの捕鯨船ウィリアム号の乗組員二人を発見して驚きます。ビーチーはこの島を英国にいただきましょうと，国王ジョージ四世の名による領有宣言の銘鈑を木の幹に打ち付けて，父島をピール島，母島をベイリー島，父島二見湾をポートロイドなどと命名して帰りました。ただし，英国政府には別の考えがあったようで，この領有を承認していません。

　その翌年1828（文政11）年には，ロシア海軍リュトケ艦長が率いるセニャーヴィン号が，数名の科学者と画家キトリッツを乗せて小笠原の学術調査を行っています。キトリッツによる美しい銅版画は，小笠原のその後絶滅した鳥や，原植生を知る情報源として重要です。

　このように小笠原には，外国船の来航が絶えませんでした。若干時代をさかのぼりますが，1823（文政6）年には英国捕鯨船トランジット号が母島沖港に停泊し，船長の名をとって沖港をコフィン港，船会社にちなみ母島をフィッシャー島と名付けています。1825（文政8）年に父島に停泊した英軍補給艦サプライ号（おそらく7代目，1798〜1834年）の艦長も，銘鈑を木に打ち付けて去ったといいます。1826（文政9）年に英捕鯨船ウィリアム号が父島で難破したことは上記したとおりです。

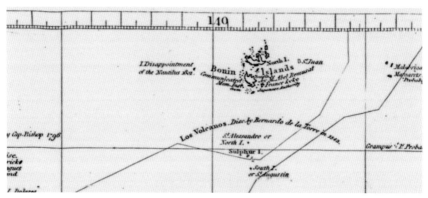

図13.1　アロウスミスの「太平洋海図」1820年版部分拡大　（アメリカの古地図商サイト
https://img.raremaps.com/xlarge/41296hc.jpg より）
レミュザ氏の情報に基づいた旨，書き添えてあります。小笠原諸島に最初の入植者がやってくる10年も前から，Bonin Islands という名称が印刷されていました。

最初の入植者

　19 世紀に入ると，採油目的の米国捕鯨船が，マッコウクジラなどを追って北西太平洋を多数往来しました。石油が普及する前，鯨油はランプや灯台用の油やろうそく原料として，また機械油として，産業的にたいへん重要なものだったのです。ヒゲクジラの「ひげ」も，傘の骨などに使われました。クジラの乱獲により漁場が遠洋に拡大した結果，捕鯨船の航海は数年に及ぶこともあり，新鮮な水や食料の補給の必要性が高まりました。そこで 1830（文政 13）年にハワイからナサニエル・セーボレーを含む欧米出身の 5 名とハワイ先住民 20 数名の一行が，当時サンドイッチ諸島とよばれていたハワイの英国領事の呼びかけに応じて小笠原に入植します。彼らは当初，ウミガメとノヤシの新芽で食いつなぐ苦労を味わいましたが，次第に畑で様々な野菜を作り，ウミガメを捕り，家畜を放牧して，入港する捕鯨船と交易し，自給できない物資を入手する暮らしを営むようになりました。その末裔は今も，小笠原で暮らしています。1851（嘉永 4）年に父島に寄港した英艦エンタープライズ号が，入植者の現状や 2 年前の 1849（嘉永 2）年に島民を襲った海賊事件のことなどを記録しています。初代入植者たちは，どこの国にも属さないため納税などの義務から自由だった反面，無法状態に苦しんでいたことがわかります。

ペリー提督

　1853（嘉永 6）年，ペリー提督が浦賀に来航して，幕府に開国を迫りました。この時ペリーは沖縄と小笠原にも寄港しています。彼は小笠原の米領化をもくろみ，父島，清瀬に石炭備蓄基地用の土地をナサニエル・セーボレーから購入し，彼を「行政長官」に任命しました。さらに母島でも米国領有を宣言しています。こうした事実を知った英国政府は，折から香港に滞在中だったペリーのもとに現地高官を送り，激しく抗議しました。

　ペリー来島の 2 か月後には，ロシアのプチャーチン艦隊が父島二見港に集結して，外交交渉のため長崎に向かっています。小笠原の地政学的な重要性がうかがわれます。

幕末海外奉行の調査

　1858（安政5）年の日米修好通商条約締結から開国となり，幕末の激動が本格化しました。ペリーの公式報告『日本遠征記』（1856）の小笠原に関する詳しい情報も，日本語に翻訳されて幕府に届いていたようです。幕府は，ムニンジマに外国人が入植している事実に驚き，1862（文久2）年に外国奉行水野忠徳を乗せた，オランダ製の軍艦咸臨丸を派遣することを決定しました。咸臨丸は1860（安政7）年に遣米使節一行を乗せた米海軍艦ポーハタン号に随行して，勝海舟，中浜万次郎，福沢諭吉らが太平洋を横断した船です。水野隊は父島に到着するや礼砲と称して大砲を7発放ち，入植者を説得して，小笠原の領有を宣言しました。旭山や常世の滝など現在も使われている地名の多くは，このときに水野が命名しました。父島の奥村の咸臨丸墓地にある「漂流者冥福碑」も，当時のものです（18.3節参照）。

日本人入植と撤退

　幕府は，外国奉行を派遣するにあたり各国政府に事前通告を行いましたが，そこで初めて「小笠原」の名称を公的に使用しました。小笠原の名称自体，民間にはそれなりに流布していたようですが，従来の「無人島」では外交的に話にならないと幕府も考えたのでしょう。かつて事実に反すると裁定した小笠原貞頼発見伝説を復活させ，外交に利用したわけです。小笠原貞任がおそらく考案した父島・母島にはじまる家族を連想する島名も，このときに正式採用されました。しかし，17世紀に小笠原を実地調査した長崎の末次平蔵や島谷市左衛門の功績は，思い起こされませんでした。

　事前通告に各国政府からの苦情もなく，小笠原は日本領として国際的に認知されました。

　かくして幕府は，日本領となった小笠原に，咸臨丸の姉妹艦朝陽丸に乗艦させた八丈開拓団30数名を送りました。現在，小笠原神社で見ることのできる，

図 13.2 にほへの碑（筆塚）（2020 年 2 月，岩本陽児撮影）
扇浦，小笠原神社の境内に，石造文化財がまとめられています。

やまとことばで書かれた「新治の碑」や，開拓団の子どもたちが勉強に使った筆を供養するためにつくられた「にほへの碑」は，この時のものです（図 13.2）。ところが，朝陽丸が八丈島神湊から父島二見港に向かっている最中に発生した「生麦事件」が，翌年，薩英戦争に発展します。そのため，幕府の方針変更により開拓団は 10 か月ほどで撤退し，小笠原は再び日本人不在の地となりました。なお，新治の碑を運んだのは咸臨丸との説もあります。

明治政府の「再回収」

明治政府は，外国政府からの照会もあり，1875（明治 8）年晩秋に英国製の新造艦明治丸を小笠原に派遣して，改めて日本の領有を宣言しました。これを小笠原の「再回収」とよぶことがあります。この時，欧米系・ハワイ系の人びとと「横浜から騙されて連れて来られた日本婦人」[6] が父島に 14 戸 68 人，母島に 15 戸 71 人暮らしていました。明治丸を追いかけて小笠原にやってきた英国公使も領有宣言を認めたため，日本の小笠原領有は翌 1876（明治 9）年に国際社会が正式に認めるところとなりました。そこで明治政府は内務省小笠原島事務所を置き，かつて外国奉行水野忠徳の幕末調査隊スタッフとして小笠原に一年半在島した小花作助を初代事務所長としました。なお，小笠原村教育委員会が所蔵している小花作助関係資料は東京都の有形文化財（歴史資料）で，台東区にある小花の墓所も，都の史跡指定を受けています。父島扇浦には，小

花の記念碑が建てられています。

13.5　明治の日本人入植と産業振興

　1877（明治10）年には，小笠原に定期航路が就航しました。帆船で年に3便でしたが，これ以降，日本本土からの入植が本格化します。

　人が増えると子どもも増えます。1878（明治11）年には父島扇村の扇浦に，「仮小学校」が作られました[6]。この小学校は1884（明治17）年に大村に移転しましたが，それではやっぱり不便と，翌年には再び扇浦に小学校を建てています。母島でも1886（明治19）年に沖村小学校，1887（明治20）年に北村小学校をつくっています。同じく1887年には，定期航路が汽船になりますが，4年後には実業家鍋島喜八郎の帆船に交替して年4便就航しました。1900（明治33）年には小笠原の人口が5,000人を上回ったこともあり，1907（明治40）年には船便が年間18便となりました。

　島の行政に関しては，小笠原は1880（明治13）年に内務省所管から東京府直轄と変更になり，東京府は小笠原出張所を設置しました。初代出張所長となった藤森図高は，旧盛岡藩士でアメリカ留学経験者。彼は1881（明治14）年に36歳で没し，咸臨丸墓地の一角に墓石があります。1880（明治13）年といえば，現在小笠原神社にある「開拓小笠原島之碑」が実際に建てられた年で，そこには，明治政府の有力者の内務卿大久保利通の文章が刻まれています。

　1882（明治15）年には先住者の日本籍編入が完了し，15人の議員を置きました。気象観測が始まったのも，この年です。扇浦では住民が，「小笠原貞頼公生誕300年祭」を開催しました。東京府の出張所は，1886（明治19）年に島庁と名称を変更し，トップは島司とよばれました。

　この年には，小笠原に神社が二つ作られています。小笠原貞頼の生誕300年祭をきっかけに扇村大滝の住人ふたりが貞頼神社を同地につくり，大村では大神宮社を大根山の中腹に造営しました。大神宮社は数年後に風害で破損したため，1895（明治28）年に大神山にあらたな社殿を造り，遷座して名称を大神山神社と改めました。1899（明治32）年には，貞頼神社を山あいの大滝地区

から現在の扇浦に移し，主祭神を小笠原貞頼から天照大御神に変更しました。この時名称も，小笠原神社に変更しています。

　1890年代にはサトウキビ栽培と製糖が小笠原の主産業となり，日本本土や伊豆諸島から，多数の人びとが移住しました。1900（明治33）年の人口は，母島列島が3,000人と父島列島より多く，小笠原全体で5,500人でした。属島にも人が住んでいて，弟島には小学校の分教場が置かれていました。

　サトウキビからの製糖には，糖蜜を煮詰めるために多量の燃料が必要です。燃料確保のため森林の開墾を制限したり，薪炭用にリュウキュウマツ（琉球松）・ソウシジュ（想思樹）・アカギ（赤木）などを導入したりしました。小笠原諸島の南端に位置する硫黄（火山）列島の日本領有は1891（明治24）年でしたが，1910年代に入るとここでも製糖が主産業として定着し，人口が急増しました。

13.6　大正・昭和戦前期の小笠原と太平洋戦争の悲劇

　第一次世界大戦で日本は連合国の一員でした。この戦勝により，ドイツ帝国の旧植民地だった南洋群島は国際連盟の委任統治領として日本の植民地となりました。大正時代の定期船は横浜，八丈島，青ヶ島，鳥島，父島，母島，硫黄島を結んでいましたが，小笠原は，南洋と内地を結ぶ航路の中継地点でした。昭和初期に就航した芝罘丸（チーフー）は小笠原航路を代表する客船でした。のちの芝園丸（しばぞのまる）（1831トン）です。

　1926（昭和元）年に東京府の小笠原島庁は名称を変更して，今と同じ小笠原支庁となります。1920年代後半には砂糖の国際価格が大暴落しましたが，小笠原は営農多角化でこの危機を乗り切りました。1930年代（昭和5〜15年）にはカボチャ，キュウリ，トマトなど首都圏向け野菜の冬季栽培が盛んになり，小笠原は空前の繁栄を迎えました。1935（昭和10）年には支庁主催の小笠原島紹介展覧会を日本橋三越百貨店で開催し，小笠原の歴史，産業，生物，物産を紹介して，好評を博しました。

　小笠原は長く，日本本土の法律が適用されない地域とされていましたが，

1940（昭和15）年の村制施行で父島には大村と扇村袋沢村の二か村，母島も沖村と北村の二か村，硫黄島一か村が置かれました[7]。現在無人の北硫黄島は硫黄島村に属し，二つの集落と小学校一校がありました。

　太平洋戦争は，小笠原の悪夢でした。軍部は開戦前から島の要塞化を急ぎました。父島・母島には2万をこえる日本軍将兵が駐屯し，戦争遺跡は今も，両島のいたるところで見ることができます[8]。

　1944（昭和19）年4月に，東京都が小笠原島民の引揚実施要綱を決定し，島民7,711人のうち軍属として残留を命じられた青壮年男性825人を除く6,886人を本土に疎開させるとしました。6月中旬には硫黄島と父島にサイパン島上陸作戦の一環で，米軍機の初空襲があり，下旬には内務・厚生両次官名で東京都長官あてに在住高齢者，若年者引揚の通牒が発出されました。これにより6月末日をもって島内の国民学校はすべて閉鎖され，7月から内地引揚が開始されました。大神山神社の神霊も，疎開しました。7月2日に強制疎開者を送り出した母島では，4日の空襲で沖村の住宅の大半が焼失したとされます。空襲前に軍隊が接収・解体したとの説もあります。

　1945（昭和20）年元旦に父島を出港した定期船芝園丸は，3日に鳥島南東海域で僚船とともに米潜水艦に撃沈され，多数の死者を出しました。翌2月には米軍が硫黄島に上陸し，史上まれにみる激戦が繰り広げられました。サイパンや沖縄と違い，強制疎開のおかげで住民が地上戦の犠牲になることは防がれましたが，軍属として残った島民は，約2万の守備隊とともにほとんど全滅。米軍も3万を超える将兵が死傷しました。自衛隊駐屯地，そして米軍機の訓練場となっている現在の硫黄島には今なお旧島民の帰島が許されず，ここにかつて役場や郵便局や畑や民家など，人びとのふつうの暮らしがあった[9]と想像することさえ大変困難です[10]。

　父島・母島でも，4,500人の戦没者が出ています。戦没者の内訳がわかっている母島の独立歩兵第274大隊をみると，総員562人に対する戦没者は52人（死亡率9.2%）です。戦没者のうち戦死者7人，戦傷死者1人だったのに対し，戦病死者が44人に及びました。それらのほぼ全員が，栄養失調症でした。極端な栄養失調が蔓延し，生還したとある身長171cmの兵士は，体重40kgで

した[11]。父島・奥村にある「平和の碑」は，ボニン・ブルーの小笠原海域で24,000名の戦（海）没者が出たことを教えています。

敗戦により，小笠原は米軍が占領しました。戦時中に軍属として残留した島民825人のうち戦死・戦病死は142人。生存者683人は父島から内地に送られました。

13.7　戦後，米軍支配と施政権返還・その後の小笠原

1946（昭和21）年10月に米軍は，欧米・ハワイ系島民家族にのみ父島への帰島を許可します。彼らをカマボコ兵舎に住まわせ，軍関係の仕事を与えました。このとき，現在見られる大村地区の街並みの原型が作られました。1952（昭和27）年にサンフランシスコ講和条約が発効し，日本が独立を回復したあとも，小笠原は沖縄・奄美とともに米国施政権下に置かれます。財産を島に残して着のみ着のままで疎開を余儀なくされた島民は縁故のない本土に留め置かれ，多くの困難に直面しました。

東京都と小笠原帰郷促進連盟の共同調査（1953年）によれば，「日常の生活に困る者および国その他の援助を受けてやっと暮らしている者」が，強制疎開前の7％から85％に激増しました。この時までに亡くなった島民399人のうち147人が生活苦のための異常死亡で，一家心中・親子心中が12件，18人もいました。1965（昭和40）年には早期本土復帰と出身者の帰島促進を目指し，小笠原協会が結成されました[12]。

父島では，米海軍基地のもとでアメリカンスタイルの生活が展開しました。当時の小笠原の公用語は英語です。自給できない生活物資はグアムに注文し，月1回程度入港する米軍補給艦により入手しました。代金は魚，野菜のほか「カサガイ」，「オガサワラオオコウモリ」を出荷して，決済しました。一つ（1頭）1ドルだったとの口承があります。小・中学校レベルのラドフォード海軍提督学校が設立され，高校生になるとグアムに下宿して教育を受けました。日本漁船の3海里以内の接近が禁じられ，電圧はアメリカと同じ120ボルトで，島民には日本のパスポートもアメリカのパスポートも与えられず，米軍が独特

の身分証明書を発行しました。

1960（昭和35）年5月には，小笠原はチリ沖地震津波に見舞われます。民家が津波で運ばれて山の中腹にかかっていたのを，大勢の米兵が原位置に戻したとの伝承もあります。

1968（昭和43）年6月26日，敗戦23年目にして小笠原の施政権が日本に返還されました。米軍が撤退し，自衛隊が駐屯。東京都の支庁が置かれ，小笠原村が誕生しました。村役場の職員は当初，すべて支庁職員の兼任でした。

23年に及んだ米軍統治が，小笠原を大きく変えていました。米軍のブルドーザーで整地が行われ，土地所有者が不在であるなどの理由で，土地の所有関係が不明確になってしまったことは，復興にとって大きな痛手でした。今日，父島・母島ともに字名と建物名だけで郵便が届くのですが，戦前に使用されていた番地表示が今日行われない原因を，この混乱に求める説もあります。戦前生まれの欧米・ハワイ系島民が米軍時代に英語で苦労したように，ラドフォード海軍提督学校で学んだ戦後生まれの若者は，返還後，日本語での苦労を強いられました。120ボルト用の家電製品は，内地と同じ100ボルト化により不都合を生じました。

返還時，国土の均衡ある発展を図るための地域振興法の一つである離島振興法がすでにありましたが，小笠原に対しては適用せず，小笠原諸島振興開発特別措置法（1969年）を制定・適用することとしました。それが失効する5年ごとに法改正（延長）を繰り返して今に至っていて，直近では2019（平成31）年3月に法改正を行っています。この法律のもとで，国土交通大臣が小笠原諸島振興開発基本方針を定め，東京都はこの方針に基づき小笠原諸島振興開発計画を定めています。このようにして，数々の公共事業を可能とする小笠原への財政支援が，返還から半世紀を超えた今日も続いています。

返還5年後の1973（昭和48）年，それまでの都のチャーター船黒潮丸に替わり，東京・父島間に定期船父島丸（初代3553トン）が就航しました。その乗船時間は片道38時間でしたが，父島丸の就航により1970年代を通じて旧島民の父島，次いで母島への帰島が本格化しました。しかし，1984（昭和59）年に当時の国土庁の諮問機関が，火山活動などを理由に，硫黄島への旧島民の

帰島は困難と答申しました。北硫黄島は，硫黄島と異なり火山活動とは無縁なのですが，なぜか北硫黄島への旧島民の帰島も，日本政府は認めていません。現代史の謎の一つといえるでしょう。 **(岩本陽児)**

■**参照文献**
1）大熊良一（1985）：小笠原諸島異国船来航記. 近藤書店.
2）田中弘之（1997）：幕末の小笠原. 中公新書.
3）松尾龍之介（2014）：小笠原諸島をめぐる世界史. 弦書房.
4）Chapman, David（2016）：The Bonin Islanders, 1830 to the Present. Lexington Books.
5）岩本陽児（2020）：'Bonin Islands' の誕生－この名称はいつ，どのようにして生まれたのか－. 小笠原研究年報, 43，1-49
6）辻　友衛（1985）：小笠原所諸島概史. 小笠原村.
7）倉田洋二編（1993）：寫眞帳 小笠原［増補改訂版］. アボック社.
8）待島　亮（2003）：小笠原戦跡一覧. 創英社／三省堂書店.
9）青野正男（1978）：小笠原物語. 小笠原物語編纂室.
10）夏井坂聡子著・石原　俊監修（2016）：硫黄島クロニクル－島民の運命－. 全国硫黄島島民の会.
11）大関栄作（1995）：小笠原諸島　母島戦争小史. 山並企画.
12）小笠原協会（2016）：小笠原協会 50 年史. 小笠原協会.

第14章 小笠原の言語の系譜

14.1 「小笠原ことば」の特徴

　小笠原諸島の最大の言語的特徴はその混ざり方にあります。たとえば，「小笠原は自然豊かなところで，海にはササヨが泳いでいるし，村の中でビーデビーデやロースードは咲いている」のような言い方を聞くことがあります。お年寄りしか知らない単語，先祖が八丈島から渡った旧島民しか知らない単語，欧米系島民しか知らない単語など一部の島民しか使わない単語もありますが，ササヨやビーデビーデ，ロースードを知らない島民はいないでしょう。ビーデビーデという木の名前は都立小笠原高校の学園祭「ビーデ祭」にも入っているし，ロースードは「村花」として定められているし，内地から移り住んだ子どもですら知っている単語でしょう。

　ササヨ（ミナミイスズミという魚）は八丈島方言から伝わった単語です。ビーデビーデはハワイ語の vili-vili という単語が小笠原に伝わってから訛った（母音も子音も変化を起こした）ものです。ロースードも同様に「薔薇の木」という意味の rose wood が英語から伝わって訛ったものです。このことを聞いた人はよく「じゃあ，小笠原ことばってないんじゃないか，すべてはよそから入ったことばではないか」と言います。しかし，言語学者にとって，その組み合わせこそが小笠原の言語的特徴です。ハワイ語はハワイで使われるし，八丈島方言は八丈島で使われるし，英語起源の単語はイギリスやオーストラリア，アメリカなどで通じます。しかし，それらがすべて同じ場所で使われる，まして同じ会話にも混ざって登場するのは小笠原だけなのです。

　数年前に研究仲間の橋本直幸氏と一緒に『小笠原ことばしゃべる辞典』を作りました[1]。「しゃべる辞典」というネーミングは，紙の本と一緒に島の人が会話の中で小笠原ことばを使っている音声ファイルが数百個収録されている CD-ROM が付いているからです。「小笠原ことば」と判断している単語はどういう単語か，とよく聞かれますが，この辞典に載せた数千の単語は，上で述べたよ

うにハワイ起源のもの，八丈島方言や英語起源のもの，起源が謎のものなど色々です。小笠原で作られた「固有語」もこの辞典に載せています。ギョサン（漁業の人が履くサンダル）やグリーンペペ（光るキノコ）はその一例です。こうした固有語は数が少ないものの頻繁に使われますし，島民ならだれでも知っています。

このような「小笠原ことば」全体を，生物学でいう「生態系」に例えることができます。そして辞典に載せている個々の単語をそれぞれの魚や鳥，花や木の種に例えることができます。生物学者から「小笠原には固有種がいますが，世界遺産になったのは，生態系全体の歴史やあり方が独特だからです」のような発言を聞きます。言語学でも似たような言い方ができます。すなわち，小笠原は固有語が少ないが，むしろハワイ語と八丈島方言と英語が混ざっていることが小笠原ことばの特徴です。

14.2 「小笠原ことば」に見られる言語変化

ここまで「固有語が少ない」と控え目に言ってきました。その点を強調しすぎたかもしれませんので，この節では変化を起こしている小笠原ことばについて説明します。実は上で紹介したビーデビーデやロースードは，元々ハワイ語や英語に由来しているといっても発音がかなり変化しているので，そのまま外国で通じるわけではありません。このように，「音変化」が起きている単語は少なくないのです。

意味変化が起きているものもあります。たとえば，八丈島方言で「マグレル」というのは「痛みで倒れる」意味ですが，小笠原の中高年層の欧米系島民に聞くと「笑い転げる」の意味だといいます。「腹を抱えて倒れる」という共通の要素で意味が移り変わったようです。八丈島方言「ナムラ」は魚の群れ（そもそも語源は魚群だから）にしか使わないようですが，小笠原では「意味拡張」が見られます。「海の生物の群れ」から「陸の生物の群れ」（ヤギのナムラ）まで意味領域が拡張し，現在は人間の集団にまで使用範囲が広まっています。たとえば，「向こうのほうから自衛隊のナムラが歩いてきた」のようにも使えます。

文法的な使い方の変化も見られます。八丈島方言では「ホゲル」というのは他動詞です。標準語で「散らかす」に当たる単語だったので「部屋をホゲルなよ」と子どもが叱られるのです。小笠原の欧米系島民の間では，これが自動詞に変わり「部屋がすぐホゲルよね」のように使われるようです。そして八丈島方言にはない「ホガス」という他動詞が新たに誕生しました。「部屋をホガスなよ」のような言い方が生まれたのです。この変化はおそらく「燃える・燃やす，焦げる・焦がす，増える・増やす，冷える・冷やす，冷める・冷ます，出る・出す」のような自動詞・他動詞の「対立語」のセットが数多く存在することと関係しているのでしょう（言語学者の言う「類推による変化」）。このように他動詞だった単語が自動詞に変わったのは，「音変化」とも「意味変化」とも違って「文法変化」なのです。

14.3　「小笠原ことば」に見られる文レベルの言語接触

　上でも述べたように，小笠原ことばの特徴の一つはハワイ語や英語，八丈島方言のように違う言語に由来する単語が同じ島で使われる点にあります。小笠原諸島では大昔（19世紀），ハワイ出身の人はハワイ語を使っていて，アメリカやイギリス出身の人は英語を使っていて，八丈島から来た人は八丈島方言の日本語を使っていたでしょう。そうした言語環境に生まれ育った子どもたちは自然にバイリンガルになったでしょう。最初はそれぞれの言語を相手や状況によって使い分けていたはずです。しかし，二つの言語が徐々に同じ文の中で混じり合うようになりました。20世紀半ば頃に生まれた世代の欧米系島民の間では，「台風の時怖かったじゃ。Me らの living room で water が up to the knee だった」のような発言が目立つようになりました。言語学者はこのような言語の切り替えのことを「文内コードスイッチング」と言います。広く言えば「言語接触」の現象の一つです。現在でも小笠原の欧米系島民と仲良くなって彼ら同士の打ち解けた会話を聞く機会があれば，こうした「小笠原混合言語」を体験することができます。

　しかし，驚くのはまだ早い。小笠原に行けば，様々な形での言語接触現象を

発見することができます。一つはここまで述べたように，一つの文の中で二つの言語が混ざる現象です。（もう一つの言語接触現象は下の14.6で見る日本語の語形が英語の意味領域で使われることです。）上の例文は「○○が○○だった」になっています。○○は英語の要素です。この文の基本構造が日本語です。そこに英語が取り込まれています。言語学者は「マトリックス言語が日本語で，埋め込み言語は英語」と説明します。そこで重要なのは，英語の要素は個別単語だけではなく，up to the knee のような前置詞句といった文法的単位でも組み込まれている点です。

14.4　内地の「ごちゃ混ぜことば」にはない「小笠原ことば」の特徴

テレビで評論家と称する人が格好をつけて日本語の文の中に英語の単語を取り込むことはよくあります。たとえば「私はそうした policy に commit しているわけではないんですけど」のような混ぜ方を耳にします。こうした話し方と小笠原混合言語との最も重要な違いは，三つあります。

一つ目は，大人になってからこの「ごちゃ混ぜことば」を使うようになった評論家と違って，20世紀半ば頃に小笠原で育った欧米系島民は物心がついたときには同年代の子と一緒に小笠原混合言語を使っていたという点にあります。彼らは英語だけで話す喋り方や日本語だけで話す喋り方はもう少し大きくなってからマスターできるようになったといいます。言ってみれば，この世代が日本語と英語を「混ぜている」というよりも英語と日本語が「混ざっている」小笠原混合言語を母語として習得していたのです。

二つ目は，上で述べたように英語が個別単語だけではなく文法単位で混ざる点にあります。先ほどの「Me らの living room で water が up to the knee だった」の実際に使われた例文を思い出してください。テレビの評論家なら「up to a knee のように不定冠詞を使うべきかな」と迷うかもしれない。あるいは，up to the knees のように複数形にして不自然な英語が出てしまうかもしれない。欧米系の人は「私たち」を「Me ら」と言ったりする独特な表現も確かにありますが，日本人のような定冠詞・不定冠詞で迷ったり，単数形・複数形を間違

えたりすることはまずあり得ません。彼らが話す小笠原混合言語の日本語の部分も八丈島方言が混ざっているとはいえ，外国人のように日本語の文法（たとえば「が」と「は」，「それ」と「あれ」の使い分けなど）を間違えるということはまずないです。漢字が苦手な人は確かにいますが，話し言葉において，外国人にみられるような日本語の文法的間違いはほとんどありません。さらに驚くことに，こうした文法的知識は周りの人びとから無意識のうちに学んだものです。テレビの評論家のように学校で学んだ文法的知識ではありません。

　三つ目の違いは，のちほど説明する「文法性判断」が可能な点にあります。すなわち，英語と日本語の混ざり方にはあまり個人差がなくて，混ざり方にもちゃんと規則性が潜んでいるという点です。

14.5　「小笠原ことば」における語レベルの言語接触

　これまで見てきた例は，同じ文の中に日本語と英語の両方の語句が使われているという意味の言語接触現象でした。いってみれば「文レベル」の言語接触です。次にみるのは「単語レベル」における言語接触です。前節で見た例文は単語を並べて「この語句は英語からきた，その語句は日本語からきた」と分析できました。次にみる単語は，「単語のこの要素は英語由来，その要素は日本語に由来する」のように分析します。詳しく説明しましょう。どの単語も「語形」と「意味」の二つの要素を持っています。水が水素と酸素の組み合わせから成り立っているように，単語は語形と意味の組み合わせによって成り立っています。

　当たり前すぎる話で考えたことがないかもしれませんが，言語学者は当たり前すぎて気づかれにくい真実を意識化させることが仕事の一つです。なぜなら，母語話者は日頃無意識に言語を使っていますが，外国人にその言語を教えるため，あるいはロボットの言語認識ソフトを開発するためには，そうした潜在的な知識を顕在化させ，記述し，分析し，そして最も理屈が通る形に書き留めなければならないからです。

14.6　語形と意味領域がずれる例

　さて，小笠原ことばで日本語の語形と英語の意味領域が混ざる単語の例を挙げましょう。欧米系島民からは「汗かいたからシャワーとってくるよ」や「four o'clock に薬をとらなきゃ」のような発言が聞かれます。語形そのものは日本語ですが，使い方（意味領域）はむしろ英語の take に近いのです。表 14.1 にこの単語レベルにおける言語接触の例を紹介します。意味を日本語や英語で書き表すとややこしいので，絵で表の列の意味を表しています。横軸は三つの言語体系（語形）です。英語では，絵が表している四つの動作は順番に take a photo, take a shower, take medicine, drink water と表現されます。標準日本語では，「写真をとる，シャワーをあびる，薬をのむ，水をのむ」と表現されます。小笠原ことばでは「写真をとる，シャワーをとる，薬をとる，水をのむ」となります。小笠原ことばは日本語にみえるかもしれませんが，それは語形だけです。その背景にある意味領域は英語のものです。同一の単語の中で日本語の語形と

表 14.1　小笠原ことば「とる」における単語レベルの言語接触

語形 意味	標準日本語の語形	小笠原ことばの語形	英語の語形
	とる	とる	take
	あびる		
	のむ		
		のむ	drink

英語の意味領域が混ざっています。前節で見た文レベルの言語接触とは異なる英語と日本語の混ざり方なのです。

　これと反対の例もみられます。欧米系島民が英語でドキュメンタリー映画のインタビューを受けた際，子どもだった米軍統治時代の話をしていて，パチンコの作り方を説明していました。You cut the skin off a stick with a pocketknife（ポケットナイフで木の枝の皮を剥ぐ）と言っています。ここに見られる skin の使い方は一般英語とは異なる独特な小笠原英語（別名ボニン・イングリッシュ）なのです（表 14.2）。一般英語では動物のかわを skin とよびますが，木のかわは bark とよびます。日本語では，skin と bark の両方の意味で同一の語形「かわ」が使われるのです。

　一方，一般英語では意味領域によって，skin と bark という違う語形が使い分けられているのです。このように「小笠原ことば」という総称の中には，小笠原英語や小笠原混合言語，小笠原日本語のそれぞれが含まれています。

　ネイビー世代とよばれる20世紀半ば頃に生まれ育った欧米系島民の間では，「またみるよ」という聞きなれない別れの挨拶言葉が聞かれます。英語の see you again の影響がみられる言い方です。この表現の「みる」の背景にもこうした単語レベルの言語接触があります。

表 14.2　小笠原ことば（skin）における単語レベルの言語接触

語形 意味	標準日本語の語形	小笠原英語の語形	一般英語の語形
	かわ	skin	skin
			bark

　小笠原ことばはどうして重要なのでしょうか。小笠原ことばの研究は主に二つの点において重要だといえます。一つは言語学者にとっての意義で，もう一つは島民にとっての意義です。たとえば，上で小笠原の欧米島民が二つの言語を融合した混合言語を使ってきた実態を紹介しましたが，これは言語学者にとっては重要な発見でした。すなわち，二つの言語をもっている集団（ある民族，ある地域の人など）はそれぞれの言語を相手や場面によって使い分ける「二言語併用」（バイリンガリズム）だけではなく，二言語を同一文内で混ぜることがあるという発見です。さらに重要な発見が，その混ぜ方は恣意的なものではなく，いくつかの法則が無意識に守られている実態にあります。たとえば2010年に首都大学東京（現：東京都立大学）で『日英語バイリンガルの間で観察されるコードスイッチングの実態』と題した修士論文を執筆した石坂真央氏は，現在の小笠原諸島欧米系島民と，関東地方のインターナショナルスクールに通う学生とを比較しました。共通点として両グループに（上の節で紹介したような）文内コードスイッチングが見られました。しかし驚くべき発見が，内地のインターナショナルスクールの若者はどのように二言語を混ぜても抵抗を示しませんでしたが，小笠原欧米系島民は厳しい「文法性判断」を下していたことでした。

　「文法性判断」とは母語話者が「この言い方はできる，その言い方はできない」のように，言える文と言えない文を明確に区別できる能力のことです。その能力というのは国語の授業などで意識的に学んだものではなく，気づかないうちにできるようになった潜在的知識なのです。実は標準日本語だけではなく，方言や若者ことばなどについても「言えるか言えないか」の文法性判断が可能なのです。外国人の日本語をチェックしたことのある人ならば体験していることでしょう。「日本語はうまい学生が多いです」というのは変に聞こえて「日本語がうまい学生」や「日本語のうまい学生」に直してあげたくなります。文法性判断は，国語の時間に習った知識ではなく，母語話者ならばだれでもできることです。

内地のインターナショナルスクールの学生と小笠原諸島の欧米系島民の文内コードスイッチングは似たような言語現象にみえたのですが，前者は「何でもあり」という緩い許容意識に対して，後者はたびたび「今の言い方は sounds funny だじゃ」と発言していました。これによって，欧米系島民の話し方は単なるコードスイッチングではなく，一つの融合した言語体系へと発展していることがわかりました。このような混合言語は世界中で数えるほどしか見つかっておらず，言語接触理論への学術的な貢献が大きいといえます。小笠原混合言語に関する本もあるので，詳細についてはそちらを参照してください[2)]。

14.8　「小笠原ことば」の島民にとっての意義

　なぜ小笠原ことばを採集して分析して記録として書き残すのでしょうか。島民にとっての意義は，島の言語の過去を知ることで現在の島の有り方への理解が一層深まることにあります。物の名称を例に挙げましょう。

　シマシャリンバイという標準和名の植物（学名は *Rhaphiolepis wrightiana*）が小笠原に生えています。漢字表記の「車輪梅」も重要な情報を秘めており，「堅くて車輪などに向いている木材だが，梅のようなきれいな花も咲かす」という意味です。島名が「サンドルノキ」で，「サンダル」と関係するかと思いきや，そうではなく，英語の axe handle tree（斧の柄）が訛った言い方です。小笠原ことばの名称から昔の使い道を窺い知ることができる単語なのです。

　モンパノキという標準和名の植物（学名は *Argusia argentea*）も小笠原にあります。島の年配者が使っている「メガネノキ」とは，昔市販のゴーグルがなかったときに，海に潜るときに使う水中眼鏡のフチをこの木でつくっていたところからついた島名です。瓶底から作ったレンズがしっかりとくっついて水が入らない性質を持っているようです。こうした島の歴史が小笠原ことばに刻まれているのです。

　小笠原諸島には日本民族だけではなく，明治時代に帰化した人の末裔にあたる欧米系島民が現在も生活していることがよく知られています。テレビでも父島が取り上げられるとこうした事実が報道されます。残念なことに，太平洋諸

島から来た人びともたくさんいたことは忘れられがちです。その多くは女性でした。そのため，西洋人男性と結婚するともとの名字が残らないのが原因の一つです。しかし，上述のビーデビーデやタマナの木（標準和名テリハボク，学名 *Calophyllum inophyllum*）という名称に小笠原の太平洋諸島のルーツがちゃんと残されています。さらに細かく言うと，タマナの t の子音に 19 世紀の古いハワイ語の発音が保たれています（現在のハワイ語なら kamani のように k 音に変化した発音が一般的）。すなわち，この木の名前は 20 世紀にハワイ語から伝わったのではなく，19 世紀に伝わったことがわかる発音となっています。

14.9　「小笠原ことば」と文化的観光資源

小笠原諸島が世界自然遺産として登録されてからその独特な生態系が世界的に注目されるようになりました。本章で見てきたように，小笠原の言語にも非常に興味深く，かつ学術的にも貴重な発見がありました。近年になって，沖縄や東北を始め，日本各地で地域の方言を観光客にアピールする傾向が強まっています。昭和時代には方言が恥ずかしいという方言コンプレックスすら指摘されたのに，平成時代以後は，方言が逆に文化的観光資源として再認識されました[3]。

現在の小笠原諸島でも集落内や遊歩道の脇に置かれている解説板には動植物の標準和名やラテン語の学名以外にも「島名」が記されていることが多くあります。島の食事処のメニューにもアカバ（アカハタ，学名 *Epinephelus fasciatus*）やチギ（バラハタ，学名 *Variola louti*）といった魚の島名をよく見かけます。

これまで東京都立大学・首都大学東京の大学院生とともに，このような島の看板や表示（いわゆる「言語景観」）に使われる小笠原ことばを調べてきました[4]。表 14.3 は観光で短期間滞在している間でも見かけることがある小笠原ことばとその標準語訳，および使用されている状況をまとめたものです。

表 14.3　小笠原の言語景観の使用例

言語景観に現れた 小笠原ことば	標準語訳	使用状況
アイザメ	ネムリブカ	ビジターセンターの展示
アイッパラ	スマ [魚]	ボートの名前
アオムロ	クサヤモロ [魚]	村役場の立て看板
アカバ	アカハタ [魚]	食事処のメニュー，歩道の絵タイル， 水産センターの展示
アンナビーチ	ネギ（onion）に由来する島 の地名	ユースホステルの名称
イチビ	テリハハマボウ [植物]	山道の樹名板
ウェントル	未成熟海亀 [winter turtle が 訛ったもの] [動物]	小笠原海洋センターの展示，ボート の名前
ウンポウシ	宝貝	ロース記念館の展示
カイガンイチビ	オオハマボウ [植物]	公園内の樹名板
カノー	カヌー	ロース記念館の展示
ギョサン	漁業者サンダル	土産店の表示
グリーンペペ	ヤコウタケ，光るきのこ	店名
シュロ	オガサワラビロウ [植物]	山道の解説板
セーレー館	仲間に入れて！	集会場の名称
セボレーヤシ	ノヤシ [植物]	山道の樹名板
タマナ	テリハボク [植物]	店名，公園内の樹名板，ロース記念館 の展示
チギ	バラハタ [魚]	食事処のメニュー
チギ	シマホルトノキ	ロース記念館の展示
島ドーナッツ	サーターアンダギー	製造業者の看板
ヒデノキ	シマムロ [植物]	山道の解説板
ビーデビーデ	ムニンデイゴ [植物]	公園内の樹名板，歩道の絵タイル， ロース記念館の展示
ビーデ祭，Beede Festival	高校文化祭の名称	文化祭立て看板，文化祭記念 T シャ ツ
ピーマカ	酢漬けのササヨやサワラ	食品業者の看板
ホエール・ウワッチ ング	ホエール・ウォッチング	観光業者の看板

表 14.3　小笠原の言語景観の使用例（つづき）

言語景観に現れた 小笠原ことば	標準語訳	使用状況
マニラ坂	①リュウゼツラン，②テリハハマボウの皮	道路標示 [地名]
また見るよー	さようなら・またねの意味。「see you again」の直訳。	小笠原フラのオハナ祭記念Tシャツ
メガネノキ	モンパノキ [植物]	公園内の樹名板
モモタマナ	モモタマナは標準和名にもなっている。	土産店の商品表示
ヤジブカ	メジロザメ	水産センター展示,ビジターセンター展示
ヤマイチビ	テリハハマボウ [植物]	公園内の樹名板
ヤロード	ヤロードは標準和名にもなっている固有種。Yellow wood の訛語 [植物]	歩道の絵タイル，橋の名称，山道の樹名板
ルーベル	ヒメフトモモ [植物]	公園内の樹名板
ロースード	ムニンヒメツバキ [植物]	山道の樹名板，村役場の立て看板
ロッケイキ	アオウミガメ [緑蟻亀]	水産センター内記念碑

　観光資源としての小笠原ことばは，物の名前に現れやすいですが，動詞なども使おうと思えば使えます。たとえば，小笠原は素潜り（シュノーケリング）やスキューバダイビングが非常に盛んですが,「潜る」ことが島の年配者の間で「ムグル」と発音されるのです。「すむぐりツアー」などを商品化するのも一つのアイデアです。いずれにせよ，観光客にとって，そうした見慣れないことばに出くわすことも観光体験の重要な一要素といえるでしょう。

（ダニエル・ロング）

■参照文献
1) ダニエル・ロング，橋本直幸（2005）：小笠原ことばしゃべる辞典．南方新社.
2) ダニエル・ロング（2018）：小笠原諸島の混合言語の歴史と構造—日本元来の多文化共生社会で起きた言語接触．ひつじ書房.
3) ダニエル・ロング（2012）：小笠原諸島における文化ツーリズムの可能性—観光資源としての言語景観—．観光文化，214，12-16.
4) ダニエル・ロング（2006）：小笠原諸島の多言語状況に関する実態調査報告．小笠原研究，32，21-103.

第15章 フィールドで聴く小笠原の音楽

　小笠原の音楽は，入植から190年ほどの歴史の流れに乗って，人びとがもたらした歌と踊りを中心に発展してきました。その経緯は，偶然たどり着いた生物がそこの環境に適応して，固有種に進化したのと似ています。ここでは小笠原の音楽について，八丈島起源の15.1節「八丈島系の音楽」，旧南洋群島からもたらされた15.2節「南洋系の音楽」，小笠原返還（1968年）以降に創作された15.3節「新作の音楽」に分けて紹介します。ただし，15.3節の一部は15.1節や15.2節でも触れます。

15.1　八丈島系の音楽

　日本本土から孤立していた小笠原開拓のために1888年八丈島経由の小笠原航路が開設され，翌年には年4回の定期航路が開始されました。1910年代になると，八丈島出身者が小笠原島民の大半を占めました。彼らは，明治中期に八丈島で生まれたとされる盆踊り唄「ショメ節」を小笠原にもたらしました。恋心や日常生活を歌詞にして特定の節回し（旋律型）にあてはめ，「ショメーショメー」という囃し言葉で終わるショメ節は，小笠原にたどり着くと，屏風谷の「ドンと打つ波」，二見港の「瀬」（《父島ショメ節》），「ワントネー」「乳房山」（《母島ショメ節》），「噴火島」（《硫黄島ショメ節》）といった小笠原の風景や地名を含む歌に生まれ変わりました。父島，母島では，これらの場所を見たり訪れたりできます。また，1910年頃八丈島で祝い事に際してうたわれ始めた《太鼓甚句》や《太鼓節》が，「八丈太鼓」（両面打ちの演奏法）とともに小笠原に伝わりました。現在では，父島と母島の和太鼓サークルが両面打ちの「小笠原太鼓」を演奏しており，おがさわら丸の出港時（図15.1）や「小笠原盆踊り」（8月，図15.2）などで披露しています。

図15.1　小笠原太鼓による見送り（2007年2月，小西潤子撮影）

図15.2　小笠原盆踊り（2019年8月，小西潤子撮影）

15.2　南洋系の音楽

レファルワシュ（通称カロリニアン）の行進踊りとその伝播

　南洋系の音楽は，第一次世界大戦後から1944年まで日本の統治支配下におかれた旧南洋群島（赤道以北のミクロネシアの一部）（図15.3）を往来した小笠原島民がもたらしました。1917年父島が南洋航路の寄港地となり，1921年サイパンに精糖業を営む南洋興発株式会社が設立されてから，沖縄県出身者を始め八丈島や小笠原出身者も父島二見港から渡りました。父島の聖ジョージ教会初代牧師の長男であるジョサイア・ゴンザレス（1899〜1935）さんも，その一人です。ジョサイアさんは，1920年代末〜1930年代初め頃，サイパン在住レファルワシュ（通称カロリニアン）の行進踊りとその踊り歌を覚えました。当時，レファルワシュの女性は人前で踊ることはなく，行進踊りは男性のみが踊っていました。日本人の子どもたちが小学校に通っていたのに対して，旧南洋群島の島の子どもたちには，本科3年，さらに勉強したい人には補習科2年の公学校で日本語による学校教育が行われていたので，ある程度の日本語によるコミュニケーションや音楽の相互交流も可能だったのです。

　レファルワシュとは，地理的にはミクロネシア連邦ヤップ州離島からチューク州にかけての中央カロリン諸島出身者の総称です（図15.3）。その一部が，1815年の台風をきっかけにサイパンに定住しました。一方，グアムおよび現・

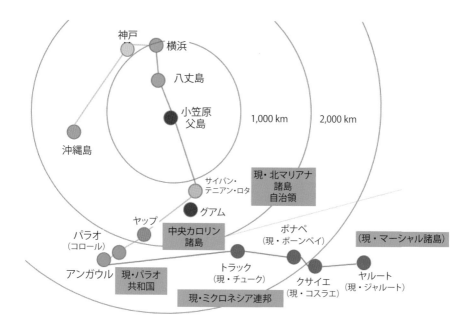

神戸　横浜

八丈島

小笠原
父島

沖縄島

1,000 km　2,000 km

サイパン・
テニアン・ロタ

現・北マリアナ
諸島
自治領

ヤップ　グアム

パラオ
（コロール）

中央カロリン
諸島

ポナペ
（現・ポーンペイ）

（現・マーシャル諸島）

アンガウル

現・パラオ
共和国

トラック
（現・チューク）

クサイエ
（現・コスラエ）

ヤルート
（現・ジャルート）

現・ミクロネシア連邦

図 15.3　小笠原と旧南洋群島の位置と主要航路

北マリアナ自治領には，チャモロという先住民が住んでいました。1565 年の
スペイン領有以降，チャモロは虐殺や伝染病流行により激減し，スペイン人と
の混血や西洋化が進みました。1865 年以降さらに労働力補充のために，大型
帆船でレファルワシュが送られたのです（図 15.4a, b）。

　サイパンを訪れた日本人は，レファルワシュの行進踊りを土着の踊りと見な
したようです。ところが，これは伝統的な踊りの要素に西洋の軍事訓練や行進
の動作などを加えた，近代的な踊りでした。ここでいう行進踊りとは，旧南洋
群島でマース（マーチ＝行進）やレープ（レフト＝左）などのジャンル名でよ
ばれる踊りの総称です。各演目の前後に「レフト，ライト……」など，欧米語
起源の号令や行進の動作を含み，踊り手がうたいながら踊ることを基本としま
す。しばしばボディパーカッション（身体打奏）が用いられ，勇壮な響きでリ
ズム感を出します。なお，カロリン諸島の踊りでは，必ずしも動作すべてに意
味や象徴性があるわけではなく，歌詞内容と連動するとも限りません。踊り歌

図15.4　（a）西洋風のチャモロ，（b）伝統的なレファルワシュ（文献[1]より）

図15.5　（a）レファルワシュの行進踊り　　　（b）フォネンギン（トラック離島）の行進踊り
　　　　　（2004年7月，小出　光撮影）　　　　　　（2016年5月，小出　光撮影）

には，教会音楽の影響を受けた西洋風の流行歌が使われました。20世紀初頭までに現・マーシャル諸島共和国周辺で原型が成立し，西に向かって広まったと考えられます。

　日本の統治支配下では，公学校での体育指導や日本の流行歌の影響を強く受けた行進踊りが創作され，現在までに各地でローカル化が進んでいます（図15.5a，図15.5b）。サイパンでは，レファルワシュの行進踊りはカグマン高校，マリアナス高校，サザン高校の部活動で行われているほか，毎年4月に行われるフレームツリー・アーツ・フェスティバルで上演するグループがあります。

南洋踊りの歌詞と意味

　南洋踊りは，ジョサイアさんが持ち帰った演目をもとに，1981 年南洋踊り保存会の発足とともにほぼ確立しました。また，1988 年からはカカとよばれる割れ目太鼓の伴奏が付きました（図 15.6，向かって右および図 15.9）。踊り手は，小笠原のタコの葉同好会が製作した頭飾りに，それぞれ花や葉を飾ります。

　演目は，《ウラメ》《夜明け前》《ウワドロ》《ギダイ》《アフタイラン》（あるいは《締め踊りの歌》)》からなり，この順番にメドレーでうたいながら踊り，その前後に「レフト，ライト……」の号令とその場足踏みを挿入します。

　次に，南洋踊りの各踊り歌の歌詞を記しました。なお，／はメロディの区切れ目を示します。

《ウラメ》

ウラメウ　ウルリイイウメ／エファンリイイトゴ　オシマアアアア／
ワンガリ　イヤウェヤウェヤウィ／イリエ　エファンガアウェニモー

図 15.6　南洋踊り（2018 年 5 月撮影，南洋踊り保存会提供）

《夜明け前》

1. 夜明け前に　あなたの夢見て／起きるとみたら　大変疲れた

2. もし出来るなら　小鳥になって／あなたのもとへ　時々飛んで行く

3. 私の心は　あなたのために／大変痩せた　死ぬかもしれません

《ウワドロ》

ウワドロフィ　イヒヒ　イヒヒー／ウワドロフィ　イヒヒ　イヒヒー／

ウワドロフィネミネ　ウェレルガ　アラレンガ／

リワツグラ　ウェゲルガツグラ　ゲッセ　メネデキントー／

サヴエンダ　リッヒウェンダ　イヒヒ　イヒヒ　イヒヒー／

ホホサヴエンダ　リッヒウェンダ　イヒヒ　イヒヒ　イヒヒー

《ギダイ》

ギダイノ　ウィピネイ　ウェナウィアウィヤ／ヤワウィヤ　ウィヤガ　センワラウ／ヤワウィヤレンゲツゥイ　ルギッメッセ／ミナティパ　テギラニ　マナヨウエマシゲレ／

ローレ　ローレ　ローレ　ロレラサンバー　ウェーイ　ウェーイ　ナン／

ローレ　ローレ　ローレ　ロレラサンバー　ウェーイ　ウェーイ　ナン

もう　つかまへた　つかまへた
若い娘さん　もうつかまへた
然しどうしてあなたは
いやだと云ふのだ
だってあなたは
私の色男ではないんですもの

図 15.7 《ウアトロフィ》と日本語訳（歌詞と採譜例は文献[3]より，日本語訳は文献[2]より）

《アフタイラン》（あるいは《締め踊りの歌》）

私はよく寝ました／昨晩夢を見ました／その時私は大変よ／

困りましたが／分かりません

アフタイラン／アナダイ　スリータイムス／ワン・ツー・スリー／

ワン・ツー・スリー／アフタイラン／オブ　ストップ

　踊り歌のうち，カロリン語の歌詞は口伝えされるうちに発音が著しく変化してしまい，意味はわからなくなっています。ただし，戦前の南洋興発株式会社関係者による手記[2]や松岡静雄の民族誌[3]には，《ウワドロ》の元歌である《ウアトロフィ》の歌詞と日本語訳，採譜例が掲載されています（図15.7）。また，サイパン在住のレファルワシュの行進踊りには，現在でも《ギダイ》と共通するメロディの《ヒトメトモダチ》という演目があり，「一目友だち」「ちょっといらっしゃい」と歌詞の一部に日本語が使われています。

　一方，日本語による《夜明け前》の歌詞には，「起きるとみたら　大変疲れた」「時々飛んで行く」「心は……大変痩せた」「死ぬかもしれません」と不自然な表現が含まれています。同様に，《アフタイラン》の「その時私は大変よ　困りましたが　分かりません」は，「大変困りましたが，どうしたらよいかわからなかった」と言いたかったのでしょうか。これらは，パラオのアンガウル島にリン鉱石採掘労働に来ていたトラック諸島（現チューク）の人が創作したといわれます。アンガウル島とトラック諸島には，航路がありました（図15.3）。パラオやヤップでも日本語の歌が創作されましたが，教会音楽の影響を早くから受けたトラック諸島の人びとは，西洋風の音楽や踊りの創作に長けていると見なされたのでした。

　南洋踊りは，毎年1月1日の「海開き」，6月下旬の父島返還祭など様々な機会で上演されます。また，体験ワークショップもしばしば行われます。詳しくは，南洋踊り保存会の公式ウェブサイト[4]で確認できます。

南洋系の四つの歌

　太平洋戦争後の米軍統治時代に旧南洋群島から伝わったのが，《レモン林》《お

やどのために》《パラオの5丁目》《丸木舟》の4曲です。これらは，1987年東京都指定無形民俗文化財「小笠原の民謡」に選出されたことで，より多くの小笠原島民に知られるようになりました[5]。

　《レモン林》《おやどのために》《パラオの5丁目》の3曲は，瀬堀エーブル（1928〜2003）さんが，1950年代サイパンで出会ったパラオの青年から習って伝えました。いずれも西洋風でありながら，太平洋諸島的な音程や音の進行も含まれます。また，歌詞には少しぎこちない日本語表現が含まれます。うたい継がれるうちに歌詞が少し変化したものもありますが，次に，四つの歌の代表的な歌詞と解説をします。

　《おやどのために》を創作したのも，《夜明け前》や《アフタイラン》と同様，トラック諸島の人だといわれます。「おやどのために」は，「おやどの（親殿）のために」の「の」一文字が欠落したとも考えられています。

　《パラオの5丁目》の元歌は，パラオでは《コロールの5丁目》とよばれています。戦前，南洋庁のあったパラオのコロールの町に設置された木工徒弟養成所の学生だったチューク出身のエリートの青年がパラオの「かわいい娘さん」に恋心を抱き，1938〜1939年頃に共通語の日本語で歌詞を創作して気持ちを伝えようとしました。パラオでは娘さんの正体が知られており，チュークでは創作した青年の見当がついています。

　旧南洋群島西部のパラオやヤップの伝統的な歌は，八丈島のショメ節のように，歌詞をジャンルごとに決まった節回しにのせて自由に引きのばし，無拍節あるいはゆるやかな拍節感でうたいます。このうたい方と西洋風の強弱アクセントによる拍節感とが融合した結果，《パラオの5丁目》は，4分の2拍子と4分の3拍子が混ざったようなリズムになりました。拍子がとりにくいためか，ほかの3曲に比べてうたわれる機会が減っているようです。

　《レモン林》の歌詞には，語呂合わせのために「カボボ kabobo〔結婚する〕」というポナペ（現ポーンペイ）語の単語が使われています。ポナペのキチ村の女性が，恋人の日本人警察官との別れに際して創作したといわれ，旧南洋群島では《レモングラス》とうたわれています。多年草のレモングラスは，高さ1.5〜2mになるので，腰を下ろすと姿を隠せます（図15.8 a）。元歌では，新婚

旅行の行先は「父島」ではなく「内地（日本本土）」となっていて,女性の平和への願いと内地へのあこがれが込められています。ちなみに，小笠原で「島レモン」と呼ばれ親しまれている菊池レモンは，戦前に菊池雄二がテニヤン島から八丈島に持ち帰った苗を1973年小笠原に持ち込み,栽培が始まりました（図15.8 b）。

《丸木舟》は，1950年代リン鉱石採掘のためのアンガウル島渡航を斡旋された小笠原出身者が伝えたとされ，《アンガウル小唄》ともよばれました。しかし，2人の恋人は,「南の空の果て」にある島から「浮世を遠く見て」おり,「土人（歴史用語）の恋の唄」を文化外部者的に聞いています。メロディの特徴も，ほかの3曲とは異なります。実は，《丸木舟》の元歌は，門田ゆたか作詞・三根徳一編曲の《恋の獨木船》（テイチクレコード，1937）[6]なのです。さらに，このメロディの原型は，ハワイのフラの曲として有名な《アレコキ》です。旧南洋群島では，たくさんのレコードや蓄音機が普及し，現地の人びとも日本の流行歌に親しんでいました。アンガウル島で流行っていたハワイ起源の日本の流行歌《恋の獨木船》が，《アンガウル小唄》として小笠原に伝わり，その後，小笠原の《丸木船》として知られるようになったのでした。

これら4曲は，小笠原返還30周年頃を境に「小笠原古謡」とよばれるようになり，『小笠原古謡集』（リングリンクス，1999）[7],『ハカラメ』（ユキヒロミ，1999）[8],『しまの音〜紡ぐ〜』（OKEI，2017）[9]など，多くの市販のCD

図15.8　(a) パラオのレモングラス,(b) 小笠原島レモン（(a) は2014年9月,(b) は2019年3月，小西潤子撮影）

に収録されています。これらのうち，OKEI さんの《レモン林》は，おがさわら丸の船内放送でも使われています。また，元歌の歌詞を使った松田美緒さんのうたう《レモングラス》では，瀬堀エーブルさんのうたい方を思わせるアレンジが楽しめます [10]。

《おやどのために》

1. おやどのために　こんなになった／だけれど　しかたなく　やめましょうね
2. みなさん　わたしがわるかったら／わるくおもわないで　ゆるしてね
3. わたしは　しんでも　わすれはせぬ／ふたりの　やくそくを　まもりましょう

《パラオの 5 丁目》

1. パラオの 5 丁目にいる　かわいいむすめさん／とてもやさしい　笑顔で／ぼくがにらむときは／ちょいとわらう顔つきで／なんだか　はずかしい
2. ときどきあなたさまが　そとへでるとき／おけしょばかりじゃないが／そのうしろのこしは／みただけでもほんとに　ねーるにねられない

《レモン林》

1. 若い二人は　離れているけれど　でね／やくそくしましょう　また会う日の夜に
2. 若い二人は　人目がはずかしい　でね／レモン林で　かくれてはなしましょう
3. レモン林の　甘い香りのなかで／キッスをしたのを　お月さまが見てた
4. 平和になったら　二人はカボボして　でね／新婚旅行は 父島へいきましょう

《丸木舟》

1. 南の空の果て／波の花咲く島に／浮世を遠く見て／恋を語る二人よ／心も丸木舟に
2. ザボンの色の月／あのヤシの葉にのぼる頃／土人の恋の唄に／胸は躍る二人よ／心も丸木舟に
3. 舟は波にまかせ／この身は恋にささげ／尽きせぬ思い／語るは夢の二人よ／心も丸木舟に

15.3　新作の音楽

　1968年小笠原返還以後，東京都の教職員や小笠原の自然や生活にあこがれた若者らの移住や長期滞在が盛んになりました。そうした中で音楽の種が持ち込まれ，新しい小笠原の音楽が花咲きました。子どもたちの姿をアオウミガメの成長にたとえた《アオウミガメの旅》（作詞：町田昌三，作曲：大浜勝彦），《サンゴ通り》（作詞・作曲：池田望）などが，初期の歌の例です。また，1984年頃メラネシアの割れ目太鼓（スリットドラム）をモデルに，島内産の丸太をくりぬいて特産品として考案されたのが，カカです。カカは，1988年「ふるさとの観光展」への出展をきっかけに南洋踊りの伴奏を担っており，様々なイベントで演奏されます。また，小型のものは土産物店で販売されています（図15.9）。

　オリジナル作品をもつ「小笠原フラ（いわゆるフラダンス）」は，1997年に紹介されて以来，村の民俗芸能のように位置づけられ，フラ・オハナ（発表会）には250人以上が参加します。《小笠原音頭》（1983）や《まっこう音頭》（1998）などのオリジナル曲をもつ「小笠原盆踊り」[11]も，島内外からの参加者を惹きつけています（図15.2）。1998年小笠原村の支援によって導入されたスティールパンを使って，複数のグループが演奏活動をしています（図15.10）。これらは，サマーフェスティバルの期間中などに上演されます。このように，小笠原の音楽は動植物と同様に進化中ですが，独自の歴史，文化としての音楽の価値を理解しながら継承していくことが，ますます重要になっています。

（小西潤子）

図 15.9　カカの合奏（2002 年 1 月，小西潤子撮影）

図 15.10　小笠原のスティールパン（2003 年 2 年，小西潤子撮影）

■参照文献
1) 二葉屋呉服店編（1935）：海の生命線　我が南洋の姿，南洋群島写真帖．二葉屋呉服店（国立国会図書館デジタルコレクション 000000739012）．
2) 蜂卜㒒（1925）：南嶋．比嘉春潮文庫，ページ番号なし（沖縄県立図書館蔵）．
3) 松岡静雄（1927）：ミクロネシア民族誌．岡書院（国立国会図書館デジタルコレクション 000000774492）．
4) 南洋踊り保存会ウェブサイト：https://nanyou-odori-hozonkai.amebaownd.com/（最終閲覧日：2021 年 2 月5 日）
5) 東京都教育庁社会教育部（1987）：東京都文化財指定等議案説明書．東京都．
6) 国立国会図書館デジタルコレクション：恋の独木舟．https://dl.ndl.go.jp/info:ndljp/pid/8271103
7) リングリンクス（1999）：小笠原古謡集．MIDI Creative CXCA-1049.
8) ユキヒロミ（1999）：ハカラメ．日本クラウン CRCM-40062
9) OKEI（2017）：大切なもの．A24music Co.Ltd.
10) 松田美緒（2014）：クレオール・ニッポン─うたの記憶を旅する─．アルテスパブリッシング .
11) キドーナオコ（2018）：小笠原の盆踊りは熱い！　アンコールが盆踊りって知ってますか！？　小笠原観光局
https://www.visitogasawara.com/archive/archive-3402/（最終閲覧日：2021 年 2 月 5 日）

第16章　小笠原に住む人びとと産業

16.1　小笠原諸島の居住の歴史

　小笠原諸島は 1593（文禄 2）年に小笠原貞頼により発見されたと伝えられ，第 13 章でものべたように，1670（寛文 10）年に紀州からのミカン輸送船が遭難して母島に漂着したことや，江戸幕府が 1675（延宝 3）年に下田港から探検船をだして踏査したことの記録はあります。しかし，当時の小笠原諸島に人びとが居住していたという記録はありません。幕末近くになると，欧米諸国のアジアへの進出が盛んになり，太平洋における捕鯨も活発になりました。捕鯨船などの船舶が飲料水などを補給するため小笠原諸島に寄港するようになり，太平洋における小笠原諸島の位置が重要視されるようになりました。そして 1830（文政 13）年には，ハワイからナサニエル・セーボレーらポリネシア人の男性 5 人と女性 15 人が小笠原諸島に植民を目的に入植しました。入植者は農業や漁業で多くの収穫を得るようになり，補給のために寄港する捕鯨船などを相手にした交易も発達しました。

　小笠原諸島の帰属は 1827 年に英船ブロッサムの艦長のビーチーがイギリス領と宣言したことによりイギリスにありましたが，1853（嘉永 6）年に開港を求めて日本に来航したペリーは，飲料水や食料の補給のために小笠原に寄港し，ナサニエル・セーボレーを小笠原諸島の植民地の首長に任命し，アメリカ合衆国も小笠原諸島の帰属に関心をもつようになりました。ペリーが小笠原諸島に大きな関心を抱いたのはその地理的な位置にありました。それは，小笠原諸島がアメリカ合衆国と東アジアの航路上で補給や休息の寄港地となり，航海や貿易だけでなく，軍事的にも戦略的な位置にあったためです。小笠原諸島の帰属をめぐるイギリスとアメリカ合衆国との争いの中に日本がようやく加わるようになり，幕府は 1861（文久元）年に調査隊を派遣し，移住者代表のナサニエル・セーボレーに日本も小笠原開拓に着手することを伝えました。調査隊は島々を測量しながら踏査し，山や湾や岬などに地名をつけるとともに，この群島を

最初に発見した小笠原貞頼にちなんで「小笠原諸島」とよぶようにしました。最終的には，イギリスやアメリカ合衆国との協議が幾度となく行われ，日本政府が欧米系住民の主権を認めることを条件に，小笠原諸島は 1876（明治 9）年に日本領として国際的に承認されました。

　正式に日本に帰属することになった小笠原諸島の所管は，1880（明治 13）年に東京府に移り，そのことが東京都の小笠原所管の原点になっています。東京府の所管になった当時の人口は父島 338 人，母島 19 人でしたが，本土からの移民が着実に増加し，1887（明治 20）年の人口は 999 人に，1897（明治 30）年には 4,232 人に増加しました（図 16.1）。これは，小笠原諸島において藍栽培が盛んに行われていたことに起因していました。それは，藍栽培の衰退とともに，人口が 1902（明治 35）年に 3,965 人に減少したことにも反映されています（図 16.1）。藍栽培に代わってサトウキビ栽培がハワイから持ち込まれ，小笠原農業を支えるようになりました。サトウキビ栽培は大正期中頃に最盛期を迎えましたが，大正末期における砂糖価格の暴落によりサトウキビ栽培が低迷するようになりました。

　昭和期になると，小笠原農業はサトウキビ栽培から野菜栽培に変化し，農家は農業から高い収入を得られるようになり，小笠原諸島の人口は増加し，1940（昭和 15）年の人口は 7,361 人になりました。小笠原諸島における亜熱帯性気候は冬季のカボチャやトマト，キュウリ，スイカの栽培に適しており，それらの作物は 12 月から翌年の 6 月にかけて収穫・出荷されました。その時期は本土の野菜類の端境期にあたり，小笠原諸島の野菜類は本土の市場において高値で取引されました。このような小笠原産野菜の好調な発展は本土との航路が 1931（昭和 6）年に月 3 便に増えたことからもわかります。小笠原農業とともに漁業も，小笠原諸島の近くを黒潮が流れ，回遊する魚種が多いことや豊かな漁場の存在により発達してきました。小笠原漁業の中心は夏季のカツオ釣と冬季のマグロ漁でした。捕鯨業も父島と母島を基地にして行われ，昭和期初めの最盛期には年間 200 頭の水揚げがあり，日本有数のクジラの漁場になっていました。小笠原諸島の人口も 1939（昭和 14）年には 7,711 人に達しました。しかし，太平洋戦争の激化にともなって，小笠原諸島はアメリカ合衆国の空爆を

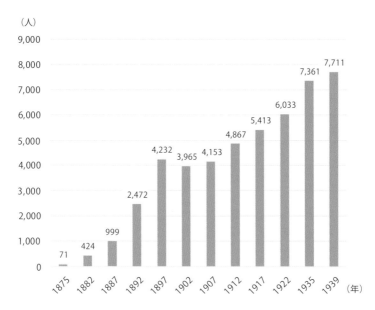

図 16.1　太平洋戦争前の小笠原諸島の人口推移（小笠原村役場資料により作成）

受けるようになり，1944（昭和19）年に島民6,886人（1,373世帯）の強制疎開が実施されました。太平洋戦争での敗戦により，小笠原諸島はアメリカ合衆国の軍政下に置かれ，1968（昭和43）年に日本に返還されました。

16.2　返還後における小笠原諸島の人口の推移と年齢別人口構成

　返還後の小笠原諸島は東京都の行政管理下に編入され，小笠原諸島復興特別措置法（1969年施行）や小笠原諸島振興特別措置法（1979〜1989年），小笠原諸島振興開発特別措置法（1989年〜）などにより，国と都と村が協力して小笠原諸島の振興開発に努めてきました。その結果，小笠原諸島への帰島者が1970（昭和45）年の308人から1975（昭和50）年の656人と急増し，小笠原諸島（小笠原村）の人口は1970年の638人から1995（平成7）年の2,280人まで増加し続けました（図16.2）。

1995 年以降の人口は微増傾向に転じています。それは 1993（平成 5）年以降，人口が，帰島などの社会増加から自然増加に転じたことを反映しています。実際，小笠原諸島の人口における 1968（昭和 43）年から 1972（昭和 47）年の社会増減は帰島事業により 818 人，1973（昭和 48）年から 1977（昭和 52）年のそれは 381 人と高い数字でしたが，1993 年から 1997 年の社会増減はマイナス 37 人，2003 年から 2007 年の社会増減はマイナス 134 人になっています。このような人口の社会増減は高齢者の離島によるもので，それは小笠原諸島の年齢別人口構成を特徴づける原因にもなっています（図 16.3）。

　小笠原村の男女別年齢別人口構成を東京都の伊豆七島と全国のそれとを比較できるように図 16.3 に示しました。それによれば，全国や伊豆七島の人口構成と大きく異なる特徴がいくつかあります。

　一つ目の特徴は，65 歳以上の高齢者の人口が男女とも全国や伊豆七島の高齢者の人口よりも少なく，人口の高齢化率が低いことです。2015 年における小笠原村の高齢化率（65 歳以上の人口の割合）は 12.7% であり，全国や伊豆七島の 32.5% や 26.6% と比較するときわめて低い値になっています。これは，高齢者が将来の病気などによる通院の便を配慮して本土への移住を余儀なくされていることを反映しており，小笠原諸島と本土との交通アクセスがもたらす人口の社会減少といえます。その一方で，30 歳代〜 50 歳代までの働き盛りの年齢層にある人口の割合は全国や伊豆七島よりもかなり高くなっていることが二つ目の特徴になります。これは，あとで述べる産業や産業別人口と大きく関わっています。働き盛りの年齢層の人口が多いことと連動して 10 歳代以下の子どもの年齢層の人口が全国や伊豆七島のそれと比べて多いことも小笠原諸島の大きな特徴になっています。つまり，小笠原諸島の人口の特徴は全国的にみられる少子高齢化と無縁の状況になっているといえます。最後，三つ目の特徴は，人口構成比のグラフにおいて男女とも大きなくびれが 20 歳前後に見られることです。このくびれは，小笠原村の子どもたちは高校までは村内で就学することができますが，高校卒業後には多くの人が進学や就職で村を離れるために生じています。そのため，小笠原村における 20 歳代前後の年齢層の人口のくびれを緩和させる方策が産業の立地発展と関連して必要になっています。

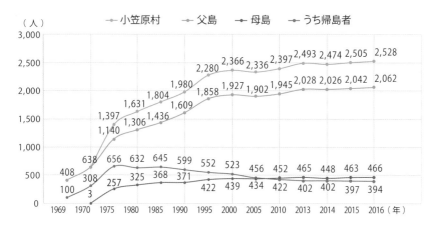

図16.2　小笠原諸島（小笠原村）における返還後の人口推移（住民基本台帳人口により作成）

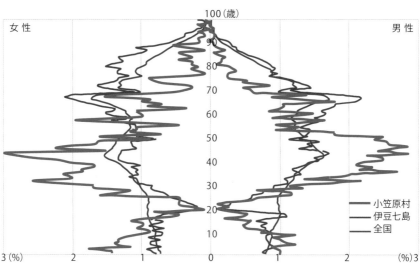

図16.3　小笠原諸島（小笠原村）における年齢別人口構成（平成27年国勢調査により作成）

16.3 小笠原諸島における産業の推移

　小笠原村における産業別就業者数の推移を示した図 16.4 によれば，1970（昭和 45）年では第 3 次産業従事者が 350 人と全就業者の 60.6% を占めて卓越しており，次いで第 2 次産業従事者が 154 人（全就業者の 26.6%）と多くいました。第 1 次産業従事者は 74 人（全就業者の 12.8%）と多くありませんでした。第 3 次産業従事者が卓越している産業構造はその後も変わりなく，2000 年の第 3 次産業従事者は 1,507 人で，それは全就業者の 75.4% を占め，2015 年のそれらは 1,630 人と 76.7% であり，それぞれ増加する傾向にあります。第 3 次産業においてどのような職種に従事しているのかを 2015 年の国勢調査に基づいてみてみると（表 16.1），公務に関する職業の従事者が就業者全体の 27.3% に当たる 581 人で最も多く，全国や伊豆七島のそれと比べても突出しています。したがって，小笠原村における主要な産業の一つは公務に関わるものとなります。公務に関わる職業は村役場の職員だけでなく，小笠原村には国や都の関係機関の出張所が開設されており，それらの事務所に勤務する人びとも公務に関わる職業の従事者になっています。たとえば，国の機関であれば防衛省や環境省，国土交通省，農林水産省，気象庁などの施設や機関が小笠原村に立地しています。東京都の関連では，小笠原支庁があり，そこでは都職員として多くの人びとが様々な職務に従事しています。また，幼稚園から高校までの教育職に従事する人びとも公務に関わる職業の就業者となります。このような公務に関わる職業の従事者の多くは本土から赴任し，2 〜 3 年で本土に帰ってしまいます。そのため，公務に関わる職業が小笠原村における持続的な主要産業といえるかどうかは疑問です。第 3 次産業のなかで，飲食店や宿泊業の従事者は公務に関わる職業の従事者に次いで多く，その数は 232 人（全就業者の 10.9%）でした。また，サービス業の従事者も 140 人（全就業者の 6.6%）と少なくありません。これらの職業は主に観光産業に関連しており，世界自然遺産の認定以降，少しずつ増加する傾向にあります。

　第 3 次産業以外で従事者数が多いのは，第 2 次産業の建設業で全就業者の 14.3% にあたる 304 人が従事しています。建設業の従事者が多いのは，道路建

表 16.1　小笠原村における産業別職種別就業人口の構成（平成 27 年国勢調査より作成）

区分	小笠原村		伊豆七島		全国	
	人数(人)	割合 (%)	人数(人)	割合 (%)	人数（人）	割合(%)
第 3 次産業	1,630	76.6	10,785	73	42,776,503	72.6
電気・ガス・熱供給・水道業	26	1.2	119	0.8	283,193	0.5
情報通信業	9	0.4	69	0.5	1,680,205	2.9
輸送業	56	2.6	568	3.8	3,044,741	5.2
卸売・小売業	111	5.2	1,521	10.3	9,001,414	15.3
金融・保険業	8	0.4	122	0.8	1,428,710	2.4
不動産業	7	0.3	83	0.6	1,197,560	2
学術研究, 専門・技術サービス業	78	3.7	244	1.7	1,919,125	3.3
飲食店, 宿泊業	232	10.9	1,618	10.9	3,249,190	5.5
生活関連サービス業, 娯楽業	95	4.5	476	3.2	2,072,228	3.5
教育, 学習支援業	87	4.1	948	6.4	2,661,560	4.5
医療, 福祉	147	6.9	1,571	10.6	7,023,950	11.9
複合サービス事業	45	2.1	375	2.5	483,014	0.8
サービス業	140	6.6	1,208	8.2	3,543,689	6
公務（ほかに分類されないもの）	581	27.3	1,763	11.9	2,025,988	3.4
分類不能の産業	8	0.4	100	0.7	3,161,936	5.4
第 2 次産業	328	15.4	2,557	17.3	13,920,834	23.6
工業	0	0	1	0	22,281	0
建設業	304	14.3	2,154	14.6	4,341,338	7.4
製造業	24	1.1	402	2.7	9,557,215	16.2
第 1 次産業	170	8	1,439	9.7	2,221,699	3.8
農業	87	4.1	933	6.3	2,004,289	3.4
林業	4	0.2	21	0.1	63,663	0.1
漁業	79	3.7	485	3.3	153,747	0.3
総数	2,128	100	14,781	100	58,919,036	100

設や護岸整備などが様々な公共事業として行われているためです。たとえば，2014 ～ 2018 年にかけて父島の二見港と母島の沖港の整備（岸壁や防波堤の改良，湾内の浚渫と岸壁の延長など）が行われ，本土と二見港を結ぶ「おがさわら丸」と二見港と沖港を結ぶ「ははじま丸」の新船の就航が可能になりました。二見港と沖港は，それぞれ島民生活に必要な物資の積み下ろし地として，あるいは入込客の玄関口として，さらに産業の振興などにとっても必要不可欠な施設になっていました。また，二つの港湾は周辺海域における船舶の避難，

（人）

図16.4　小笠原村における産業別就業者数の推移（各年次の国勢調査により作成）

休憩，補給基地としての役割も担っています。そのため，二つの港湾整備は重要な公共事業であり，比較的多くの予算を使って継続して行われてきました。結果的には，本土と父島の就航時間が25.5時間から24時間に，父島と母島のそれが2時間10分から2時間に短縮され，島民生活の向上や産業振興に少なからず貢献してきました。

　第2次産業や第3次産業の従事者と比べると，第1次産業従事者は1975年に114人，1995年に169人，2015年に170人と横ばいないしは微増の状態が続いています（図16.4）。これは，小笠原村における農林業や水産業は太平洋戦争前には花形産業として栄えていたものの，返還後は伸び悩み低迷していることを物語っています。このような低迷の主な原因は小笠原諸島の地理的位置にあります。つまり，生産した農産物や水揚げした水産物を市場出荷するためには，1週間に1便の船を24時間利用して輸送する必要があります。そのため，小笠原諸島で生産された農産物や水揚げされた水産物のほとんどは島内の市場で消費されており，島内という狭い市場は農産物や水産物の生産拡大の

大きな障害になっています。しかし，小笠原諸島が世界自然遺産に登録され，エコツーリズムの島として多くの観光客が訪れるようになると，小笠原諸島の農産物や水産物はローカルフードとして注目されるようになり，観光客向けの食材や土産物の産品として重要になっています。以下で小笠原諸島のローカルフードを生みだす産業としての農業や水産業の特徴をみていきましょう。さらに次章では小笠原諸島の重要な産業になった観光の発展とそれにともなう問題点を説明します。

16.4　小笠原諸島の農業と水産業

　小笠原村における農家数は 2015 年で 54 戸であり，その数は減少傾向にありますが，2005 年の農家数が 60 戸であることからわかるように，大きな変化はありません。現在の農家の約 60% に当たる 31 戸が販売農家であり，残りは自給的な農家になっています。これらの農家のうち約 90% は後継者がおらず，高齢者によって農業が続けられています。将来的には農業の担い手がますます高齢化することにより，農家数が減少し，経営耕地面積も減少するといえます。実際，2015 年の農業センサスによれば，小笠原村の経営耕地面積は 22 ha と 2010 年の 29 ha から大きく減少しました。それとは反対に，耕作放棄地の面積は，高齢化により農業を中止した農家の増加を反映して 20 ha と増加傾向にあります。

　小笠原村の耕地利用では，2005 年では野菜類の作付面積が最も多く 26 ha でしたが，2015 年では野菜類のそれは 3.5 ha に減少しました。2015 年の作付面積では果樹が 6.9 ha で最も広い面積を占めていましたが，それでも 2005 年の 9.3 ha から減少しています。しかし，小笠原村の農産物生産額の推移では（図 16.5），果樹の生産額が 2005 年に 6,000 万円以上となり，野菜の生産額を大きく上回るようになりました。果樹のなかでも，主要な商品はパッションフルーツであり，その 2015 年の生産額は 6,059 万円と果樹の生産額の約 67% を占めていました。パッションフルーツは島内消費よりも観光客の土産物や贈答用として流通しており，観光におけるパッションフルーツの需要は小笠原村の

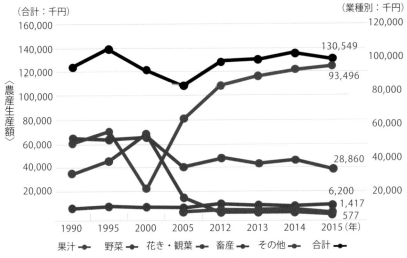

（合計：千円）

（業種別：千円）

〈農産生産額〉

果汁 ●　　野菜 ●　　花き・観葉 ●　　畜産 ●　　その他 ●　　合計 ●

図 16.5　小笠原村における農産物の推移（東京都「管内概要」により作成）

農業の救世主になる可能性をもっています。パッションフルーツに次いで生産額が多い果樹はレモンとマンゴーであり，これらも観光に関連した需要に支えられて生産が拡大しています。他方，野菜類では，その生産額は果樹の生産額に圧倒されていますが，トマト・ミニトマトの生産額は 2015 年で 1,759 万円とパッションフルーツに次ぐ数字になっています。トマト・ミニトマトの生産も島内消費とともに観光客の需要により支えられています（図 16.6）。以上に述べた小笠原の農産物を父島・母島別に過去 5 年間の平均でみてみると（図16.7），小笠原村の農産物生産額の 55% は母島の果樹であり，次いで母島の野菜が 22% と多くなっています。父島の果樹と野菜はそれぞれ 11% と 4% ですので，母島のそれらと大きく差がつけられています。つまり，小笠原村の主要な農業地域は母島にあり，母島の農産物の主要な消費地は島内利用と観光客の需要を含めて父島にあるといえます。

　小笠原村の水産業は周辺に良好な漁場があるため，ハマダイ・ハタ類を漁獲する底魚一本釣り漁業と，メカジキ・メバチ・キハダなどを漁獲するカツオ・マグロ漁業，およびそでいか漁業や亀漁業，えび籠漁業など多様な形態により支えられています。小笠原村における漁獲量と漁獲金額の推移をみると（図

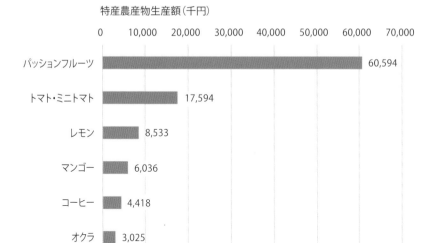

特産農産物生産額（千円）

パッションフルーツ	60,594
トマト・ミニトマト	17,594
レモン	8,533
マンゴー	6,036
コーヒー	4,418
オクラ	3,025
シカクマメ	1,232

図 16.6　小笠原諸島における特産農産物生産額（2015 年）（東京都「管内概要」により作成）

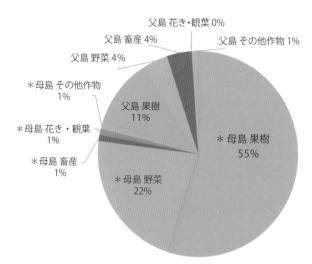

父島 花き・観葉 0%
父島 畜産 4%
父島 その他作物 1%
父島 野菜 4%
＊母島 その他作物 1%
父島 果樹 11%
＊母島 花き・観葉 1%
＊母島 畜産 1%
＊母島 果樹 55%
＊母島 野菜 22%

図 16.7　小笠原諸島の父島・母島別農産物生産額の割合（過去 5 年平均）（東京都「管内概要」により作成）

16.8)，漁獲量は増減を繰り返しながら横ばい状態になっていますが，漁獲金額は増加傾向にあります（図 16.8）。これは，母島近海で宝石サンゴ（赤サンゴ）が獲られるようになったことと，小笠原村の漁業が様々な種類の魚類を漁獲することから，収益性の高い魚類に絞って漁獲することに変わってきたためです。たとえば小笠原村における主要魚種別漁獲量の推移をみると（図 16.9），

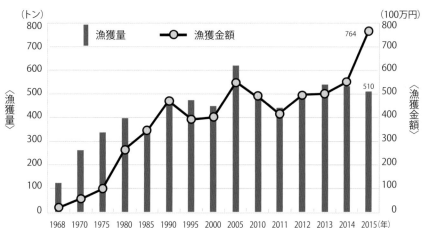

図 16.8　小笠原村における漁獲量と漁獲金額の推移（東京都「管内概要」により作成）

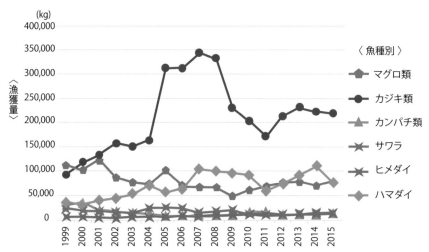

図 16.9　小笠原村における主要魚種別漁獲量の推移（東京都「管内概要」により作成）

1998年ではマグロ類やカジキ類を中心にして，ハマダイ，ヒメダイ，サワラ，カンパチ類など多様な魚が漁獲されていました。しかし2005年以降になると，収益性の高いカジキ類が主に漁獲されるようになっています。水揚げされた魚類は漁業協同組合が集荷し，その約90%は冷凍コンテナで1週間に1便の定期船（おがさわら丸）を利用して島外に出荷されています。しかし，定期便に積載可能なコンテナ数には制限があり，そのことが輸送時間とともに小笠原村の水産業発展の障害となっています。島内では小売店やホテル・民宿が毎日漁業協同組合から鮮魚を購入しており，島民や観光客により消費されていますが，その消費量は漁獲量全体の10%にも満たないものになっています。そのため，島内消費や観光客向けの販路拡大なども小笠原村の水産業の課題になっています。

（菊地俊夫）

■参照文献
1）国土交通省（2018）：小笠原諸島振興開発基本方針策定に係る調査検討業務　報告書. 国土交通省国土政策局.
2）小笠原協会（2019）：小笠原特集第64号　小笠原ガイド. 小笠原協会.
3）大里知彦（2018）：小笠原特集62号　小笠原の歳月. 小笠原協会.
4）東京都小笠原支庁（2019）：小笠原支庁50年の記録. 東京都小笠原支庁.
5）小笠原諸島返還50周年記念事業実行委員会（2018）：小笠原諸島返還50周記念誌　原色　小笠原の魂－The Spirit of Ogasawara Islands －. 小笠原諸島返還50周年記念事業実行委員会.

第17章

小笠原における観光の発展と環境保全との共存

17.1 小笠原における観光と環境保全の必要性

　小笠原諸島は 1968 年にアメリカ合衆国からの返還を受けて，それらの大部分が 1972 年に小笠原国立公園に指定されました。小笠原国立公園の面積は 6,629 ha に及び，そのうち国有地が 81.5% を占めています。父島においては国立公園の区域は大きく三つにゾーニングされています。それらは特別保護地区と特別地区，および海中公園地区であり，特別保護地区（893 ha）と特別地区（979 ha）を合わせた土地面積は父島の土地の約 80% を占めています（図 17.1）。このように，小笠原諸島における自然環境の保全方法は主に国立公園としてのゾーニングに依存してきましたが，それだけでは観光利用の増大や島民の生活圏の拡大に対応できない状況になり，自然資源の荒廃をもたらすことにもなっていました。特に，観光客の増大は島民の人口増加にともなう生活圏の拡大よりも自然環境に影響を及ぼすようになっています。

　小笠原諸島への訪問者数は，1968 年の返還以降，順調に増加し，1980 年代前半までには年間 2 万人前後を維持して推移しました。1980 年代後半になると，貨客船の大型化や離島ブームなどと相まって，訪問者数は 2 万 5,000 人前後に増大するようになりました。1980 年代後半以降の訪問者のなかで，観光客は約 60% であり，ホエールウォッチングが小笠原観光の主要なアトラクションになるにつれて，観光客数も急激に増加するようになりました（図 17.2）。このような観光客数は 1990 年代以降，1 万 5,000 人前後で推移していましたが，小笠原諸島への交通手段が長時間（片道約 25 時間）で相対的に高価な（2011 年当時，片道 2 等の船賃は約 25,000 円）船旅であることが，観光客増加の制約条件となっていました。しかし，2011 年に小笠原諸島が世界自然遺産に認定され，観光客の大きな増加がみられるようになりました。実際，小笠原村への入込客数は 2011 年に 32,276 人へと急増し，翌年の 2012 年には 39,564 人にも及びました。その後の入込客数は世界自然遺産のブームも落ち着いて，年

間3万人弱で推移するようになりました（図17.3）。しかし，2016年には竹芝桟橋と父島を片道24時間で結ぶ新船も就航したこともあり，入込客数の増加が見込まれています。

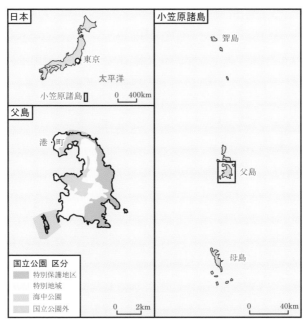

図17.1　小笠原父島の地理的位置と国立公園区域（文献[6]により作成）

図17.2　父島近海のホエールウォッチングツアー
（2020年2月，菊地俊夫撮影）

小笠原村を訪れる月別の観光客数の推移をみてみると（図17.4），観光客数は8月が最も多く，次いで7月が多くなっており，小笠原観光にとって6月と9月を含めた夏季が繁忙期であることがわかります。小笠原観光には往復船旅で最低でも6日必要なため，長期休暇を取りやすい夏季が小笠原観光の繁忙期になることが大きな理由になっています。夏季に次いで観光客数が多い季節は2月から4月の早春の季節です。この季節はホエールウォッチングを簡単に楽しむことができる時期になります。小笠原諸島のホエールウォッチングの対象となるザトウクジラは，1年を通して小笠原近海に生息しているわけではなく，2月から4月に小笠原近海に出現し観察することができます。ホエールウォッチングは小笠原の人気の観光資源であり，2月から4月はホエールウォッチング目的の観光客がとりわけ多くなります。いずれにせよ，小笠原諸島では観光客の増加にともなって，自然資源の保全と観光利用とのさらなる調整が必要になってきました。

　小笠原諸島では自然資源の保全と観光利用との調整を図るため，自主管理ルールを定めてきました（表17.1）。小笠原諸島における自主管理ルールの先駆けは，小笠原ホエールウォッチング協会が1989年から始めたホエールウォッチングのための自主管理ルールでした。1980年代後半，ホエールウォッチングは小笠原観光の主要なアトラクションになりましたが，次第に観光利用を優先するようになると，鯨の生息環境が脅かされるようになりました。そのため，小笠原諸島のホエールウォッチングに関する自主管理ルールが鯨の生息を保全・保護することを目的につくられました。そのルールでは，鯨と観光船との距離が定められるとともに，観光船も鯨の生息域では減速するように申し合わせが行われました。この自主管理ルール以降，オガサワラオオコウモリを観察する際の自主管理ルール（2004年）やドルフィンスイムツアーに関する自主管理ルール（2005年）が定められました。また，2003年には「小笠原ルール」として周知されることになる母島や南島における自然資源利用のガイドラインが定められ，実施されるようになりました。以下では父島の南西端沿岸に位置する南島の自然資源の保全と観光利用との調整の仕方を事例に，自主管理ルールの背景とその効果などを紹介します。

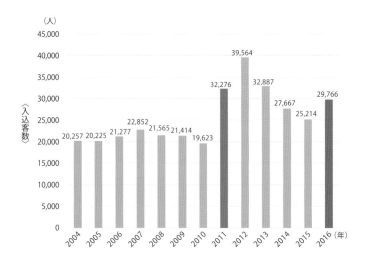

図 17.3　小笠原村の入込客数の推移（小笠原村役場資料により作成）

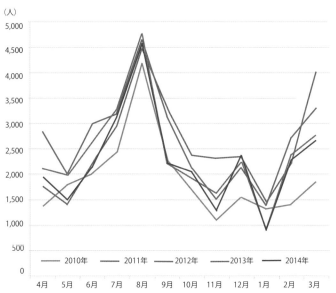

図 17.4　小笠原村を訪れる月別観光客数の推移（小笠原村役場資料により作成）

表 17.1　小笠原諸島における自主管理ルールの動向（小笠原村の聞き取り調査により作成）

ルール名	開始年
1. 小笠原ホエールウォッチング協会　ホエールウォッチングのための自主ルール	1989 年
2. 東京都の島しょにおける自然の保護と適正な利用に関する要網：母島石門ルール	2003 年
3. 東京都の島しょにおける自然の保護と適正な利用に関する要網：南島ルール	2003 年
4. 小笠原観光協会　オガサワラオオコウモリ観察のための自主ルール	2004 年
5. 小笠原観光協会　ドルフィンスイムのための自主ルール	2005 年

17.2　父島近海の南島における自然資源の保全と観光利用

　小笠原父島を訪れた観光客の 1 日の行動パターンを時間地理学の方法でみると（図 17.5），観光客は滞在日数 3 日のうち 2 日間を山や海のアトラクションで楽しんでいることがわかります。多くの場合，観光利用の日時や滞留時間の長さには差がありますが，同じような資源利用が行われています。これは，特定の環境資源への集中とオーバーユースが懸念される状況を生みだしていることを示しています。特に，観光客は滞在 3 日間のうち最低でも 1 日，海の利用を中心とした観光行動を行っています。その結果，多くの観光客がドルフィンスイムツアーや近海ツアーで世界自然遺産でもある南島を訪れることになります（図 17.6）。このように，南島は小笠原父島とその近海における観光の主要なアトラクションであり，観光利用による環境の劣悪化が想定される場所になっています。しかも，南島はかつて観光以外にも無秩序な利用が行われていた場所であり，そのような利用によって環境の劣悪化が顕著に見られた場所でもありました。

　南島における植生回復のプロセスを示した図 17.7 によれば，南島は 1969 年の時点で植生の衰退が顕著でした。これは，かつて島民の貴重なタンパク源となる食料として飼われていたヤギが放置されて野生化し，自然の草や若木を旺盛に食べてしまったためでした。ヤギの食害によって，植生が劣化するだけでなく，南島の植物の個体数も 50 種前後から 20 種以下に減少してしまいました。

1970年代前半に野生化したヤギの駆除が行われ，1980年代〜1990年代前半にかけて南島の植生は回復しました（図17.7）。さらに，植生の総個体数も1980年代後半には50種に達し，ヤギの自然資源への影響は少なくなりました。しかし，南島では1990年代からヤギに替わって，台風や降水，および観

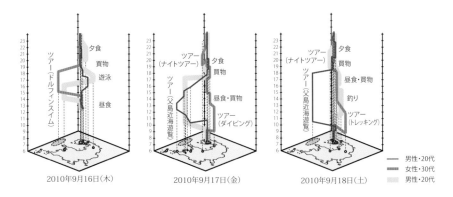

図17.5　小笠原父島における観光客の時間地理学的な行動パターン（アンケート調査により作成）

図17.6　父島近海でのドルフィンスイムツアー（2020年2月，菊地俊夫撮影）

光客の影響が大きなものとなりました。観光客はチャーターした船で南島に渡り，釣りやダイビング，あるいはトレッキングなどにより，島内の自然資源を無秩序に利用し，南島の植生は再び劣化するようになりました。さらに，観光客がもたらした外来の植生によって，固有の生態系も脅かされるようになり，自然環境の保全と観光利用との両立を図ることが急務となってきました。

　南島における環境荒廃の典型は観光客の踏圧による土壌侵食でした。南島は石灰岩によって形成され，古第三紀（約6,600万〜2,300万年前）に由来する沈水カルスト地形として特徴づけられています。そのため，人びとの往来による踏圧が増大するにつれて，石灰岩を基盤とする土地の劣悪化が目立つようになりました。図17.8は2003年2月に南島の扇池付近で撮影したものです。これによれば，観光客の無秩序な利用とオーバーユースによって植生が後退し，裸地化して基盤岩が露出しています。これらの土地の劣悪化を踏まえて，小笠原村では南島の自主管理ルールが検討され，そのルールがベースとなって2003年の小笠原南島におけるエコツーリズムのルールがつくられました。

　南島における自主管理ルールは，世界自然遺産の一つであったガラパゴス諸島の環境保全と観光の適正利用を図るための自主管理ルールを参考につくられました。ガラパゴス諸島は世界自然遺産に登録（1978年）されて以降，多くの観光客が世界中から訪れるようになり，島の生態系を含めた自然資源のオーバーユースが顕在化してきました。特に1990年代以降，観光地化と人口増加にともなう環境の劣悪化と汚染，および外来生物の繁殖や密猟などの問題が生じ，それらの問題を解決するために自主管理ルールがつくられました。ガラパゴス諸島の自主管理ルールが有効に機能するのは危機遺産リストに登録された2007年からですが（2010年には危機遺産リストから除外された），その自主管理ルールの精神は小笠原諸島の環境保全と観光の適正利用にも生かされることになりました。小笠原南島の自主管理ルールは以下のように定められ，それらは「小笠原ルール」として周知されています。

　①南島の利用経路を定め（図17.9），利用経路以外は立入禁止。

　②南島の利用時間は最大2時間まで。

　③南島の1日あたりの利用者数は，最大100人（上陸は1回あたり15人を

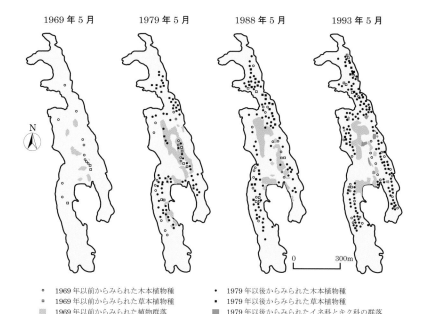

○ 1969年以前からみられた木本植物種	・ 1979年以後からみられた木本植物種
□ 1969年以前からみられた草本植物種	■ 1979年以後からみられた草本植物種
▨ 1969年以前からみられた植物群落	■ 1979年以後からみられたイネ科とキク科の群落

図17.7 南島における植生回復プロセス（文献[8]より）

図17.8 南島の土壌侵食と植生後退（2003年2月，岡　秀一撮影）

図 17.9　小笠原南島における散策経路（「小笠原ルールブック」により作成）

図 17.10　南島の土壌侵食の抑制と植生回復（2006 年 11 月，岡　秀一撮影）

限度)。

④年3か月間の入島禁止期間の設定（当面，11月から翌年1月末まで）。

⑤ガイド1人が担当する利用者の人数の上限は15人。

以上に述べた小笠原南島における自主管理ルールにより，観光利用による無秩序な利用やオーバーユースが抑制され南島の植生は回復し（図17.10），独自の生態系は守られるようになりました。

17.3 南島における自主管理ルールの効用と問題点

観光客が小笠原南島でエコツーリズムを楽しもうと考えたとき，観光客は「小笠原ルール」によって勝手に南島に渡ることができなくなりました。多くの場合，観光客は父島島内のツアーオペレーターが用意するガイドツアーに参加して，南島のエコツーリズムを楽しむことになります。2011年現在，小笠原父島には58のツアーオペレーターがあり，南島のエコツアーはホエールウォッチングツアーとともに人気のアトラクションになっています。南島のエコツアーは1日ないし半日のツアーで，南島の滞在時間が限られているため，ドルフィンスイムなどのツーリズムアトラクションと組み合わせたものになっています。小笠原父島のツアーオペレーターにとって，南島のエコツアーは観光商品として重要ですが，自主管理ルールの制約によって自由で柔軟なエコツアーを企画することができないでいます。つまり，1日あたり100人という入島制限や最大2時間の島の滞在時間に関して，妥当性があるのかなどの問題が生じてきています。

南島の1日の入島人数を100人に決めた背景は，政治的な決断に近いものであったといわれています[2]。南島の無秩序な観光利用により自然資源が荒廃化するなか，自然資源の回復する手段として島民による自主管理ルールがつくられました。その初期のルールは人数制限などに関してそれほど厳しいものではありませんでした。一方，東京都も南島における自然環境の保全と観光利用の適正化を模索し，利用制限の方法を研究していました。その結果，島民による初期の自主管理ルールをさらに強化するために，人数や滞在時間，および利用

区域などを制限する南島におけるエコツーリズムの自主管理ルールを策定しました。その際に参考にしたのがガラパゴス諸島の自主管理ルールで，最大限の保全・保護と最小限の観光利用を基本にして，とりあえず1日の利用者数を100人，1回の利用時間を2時間にしました。

　他方，南島におけるエコツーリズムの自主管理ルールの効果も考えられるようになりました[4]。2002年における南島の1日あたりの上陸人数は116.3人であり，自主管理ルールが定める1日あたり100人を超えていました[4]。2003年以降，南島の1日あたりの上陸人数は100人以下であり，自主管理ルールの効果は表れています。しかし，自主管理ルールはおおむね遵守されていましたが，特段の拘束力がないため，繁忙期などの観光需要に屈することも少なからずありました。このことは，観光需要の視点から自主管理ルールの問題を提起する契機にもなりました。同様のことは，南島の滞在時間やガイド1人あたりの観光客数にもいえ，それらは観光の繁忙期になると自主管理ルールの数字を超えることもありました。

　そこで，南島における自然資源は本当に自己管理ルールによって保全されているかどうか検討する必要があります。南島における4地点における土壌侵食の様子を検討するため，2004年を基点にどのくらい侵食されたかを土壌流出量としてグラフに示しました（図17.11）。それによれば，散策道の利用頻度によって土壌流出の量に違いがみられました。青色の破線で示された陰陽池の鞍部では土壌流出の量は1.5年で2cm以下と最も少ないものでした。これは，陰陽池の鞍部が主要な散策ルートから離れた場所にあり，だれもがその場所を散策に利用するわけではないためです。同様に，黄色の実線が示す散策路の分岐から岬への場所と，赤色の破線が示す分岐から扇池までの場所も1.5年で2cmから4cmの土壌流出量となり，土壌侵食は相対的に少ないといえます。これは，岬までの散策路はすべての観光者が利用するわけでないことや，扇池までの場所の散策コースもすべての人に選択されるとは限らないことなどに起因していました。

　他方，散策道のなかで観光客が必ず歩くことになる場所では，時間とともに土壌流出の量は増加し，1.5年間で6cm以上も侵食されていました。具体的に

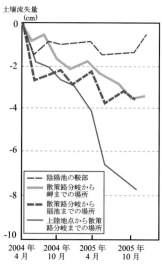

土壌流失量
(cm)

凡例:
- 陰陽池の鞍部
- 散策路分岐から岬までの場所
- 散策路分岐から扇池までの場所
- 上陸地点から散策路分岐までの場所

図 17.11 小笠原南島における 4 地点の土壌侵食量の変化
（文献 [6] より作成）

は，図 17.11 の緑色の実線で示された場所であり，それは上陸地点から岬と扇池の分岐までの場所になります。この場所は南島のエコツアーのウォーキングトレイルとして日常的に利用されており，必然的に多くの往来が観察できます。そのため，この場所では観光客が小笠原ルールに従って注意深く歩いているにもかかわらず，土壌侵食が少なからず生じています。少なくとも，現在の小笠原ルールであっても（1 日 100 人のルールであっても），土壌侵食は生じています。したがって，観光客が増加すれば土壌侵食はさらに増大し，その影響は確実に深刻になります。

　現在，南島では観光利用，特に散策による土壌侵食を防ぐため，散策道に敷石が施されています（図 17.12）。また，上陸地点近くの土壌侵食を受けやすい場所では，自生シバによるマルチングで保護したり，自生シバを移植したりして土壌侵食の防止に努めています。このようにして，小笠原では観光利用と環境保全の両立を図っています。　　　　　　　　　　　　　　　　　　（菊地俊夫）

図 17.12　小笠原南島の散策道における敷石の設置（2010 年 3 月，
菊地俊夫撮影）

■参照文献

1) 有馬貴之ほか（2010）：小笠原諸島父島における観光客の行動特性─時間地理学の手法を用いて．日本観光研
究学会全国大会学術論文集，25，181-184.

2) 土居利光（2011）：自然資源の保全と適正利用のための仕組みの検討−東京都版エコツーリズムを事例にして
─．観光科学研究，4，53-68.

3) 一木重夫（2002）：小笠原のエコツーリズム実現に向けて─ホエールウォッチング・インタープリター養成講
座（勉強会）の取り組み．観光文化，26，6-9.

4) 一木重夫・朱宮丈晴（2007）：小笠原諸島南島における観光利用状況及び観光利用ルールの効果に関する研究．
小笠原研究年報，30，75-87.

5) 石原　俊ほか（2010）：小笠原諸島のエコツーリズムをめぐる地域社会の試行錯誤─「南島ルール」問題を中
心に．小笠原研究年報，33，7-25.

6) 環境省（2009）：小笠原国立公園指定書および計画書．環境省，22-37.

7) 岡　秀一ほか（2002）：小笠原諸島南島における土壌侵食と植生変化．小笠原研究，28，49-81.

8) 豊田武司ほか（1993）：小笠原諸島父島列島南島における野生化ヤギ駆除後 25 年間の植生回復．小笠原研究年
報，17，1-24.

第18章 小笠原の歴史文化と生活をめぐるエクスカーション

18.1 父島・大村地区

　おがさわら丸を下船して湾岸道路を左（西）に向かったところが，コンパクトな父島の中心街です。駐車場の車でわかりにくいかもしれませんが，道路海側にあるペリー提督来航記念碑（図18.1），その山側の星条旗をお見逃しなく。湾岸道路に並行して，山側に飲食店街があります。

　湾岸道路の海側，最初の店舗がBITC–小笠原消費生活協同組合です（図18.2）。前身のBonin Islands Trading Company（小笠原諸島貿易会社）は戦後，米軍統治時代に設立され，本土復帰後の1968年9月に生協となりました。返還当日6月26日の午前10時から，欧米・ハワイ系島民が手持ちの米ドルを360円のレートで日本円に交換したのが，ここBITC。筋向いの小祝スーパーと並ぶ島民のライフラインで，おがさわら丸入港日の午後から夕刻には，両店とも一週間分の生鮮食品を求める島民でにぎわいます。

　生協の先のお土産店の前をさらに進むと，農協直売店があり，その先には芝生広場（大神山公園）とイベント会場の「お祭り広場」があります。

　元旦の「日本一早い海びらき」では，和太鼓，東京都指定無形民俗文化財「南洋踊り」，ハワイアンダンスとスリットドラム（割れ目太鼓）「カカ」の演奏が披露され，郷土食ダンプレンの振る舞いもあります。7月上旬のフラ・オハナは一大イベントとなります。それは，ハワイ留学帰りの一女性がつくり出した文化現象として有名で，大人から子どもまで，島民人口の1割もの人が競演する盛況ぶりです。

　8月の盆踊りは練習と本番で5晩も続きます。特に，ピョンピョン左右に跳ねるマッコウ音頭，「サブン，ザブン，サブザブザップーン！」と盛大にジャンプする小笠原音頭など，振付がめずらしいオリジナル曲があります。

　大村海岸（前浜）は波の穏やかな砂浜で，海水浴客の姿が絶えません。砂浜の中ほど，瀬のように見えるのは，じつは戦前の船着き場跡。夏季には，この

浜でアオウミガメの産卵が間近に見られます。

　芝生広場海側に隣接する東京都の小笠原ビジターセンターは，小笠原でまず第一に訪ねたいところ。小笠原の歴史・文化を紹介する常設展は2020年春にリニューアルされました。ほかに，期間限定の特別展もあります（図18.3）。島の見どころをまとめた持帰り用リーフレットを多数用意しています。

　湾岸道路の陸側には，三日月山を背にした東京都小笠原支庁の白い建物を正面に，左側に郵便局と村役場が並んでいます。三日月山の山頂付近をよく見ると，岩場の頂上に「スコーン岩」が乗っていたり，軍事施設跡の四角い窓が開いていたり，奇観を呈しています。役場の裏手，左奥には環境省小笠原世界遺産センターがあり，小笠原固有の生態系と環境保全の取り組みを展示紹介しています。

　右の方の市街地背後の高台を見ると，赤が目立つ建物があります。これが大神山神社です（図18.4）。急な階段の正面参道のほか，脇道もあります。高台には絶景の展望台が3か所あります。11月1日からの例大祭では相撲や演芸が3晩奉納され，地域を挙げての賑わいとなります。

　お祭りやイベントを盛り上げる夜店は，すべて島民手作り。離島ならではです。小笠原島漁協が提供する「メカジキの鉄板焼き」は絶品で，大人気となっています。

　島民が「ウェザー」とよぶ夕日の絶景ポイントのウェザーステーション展望台は，市街地から西方向に上った高台の終点。もと気象観測ドームがあったことからこの名があります。季節になると，沖のザトウクジラが観察できます。「ウェザー」の手前にも，戦時中の砲台跡が残っています。

　道を途中から左にとると，港を見下ろす大根山墓地（公園）があります。1830年に小笠原に渡ってきた欧米系・ハワイ系の人びととその末裔，および明治以降の日本人入植者などの墓所があります（図18.5）。墓地の道路脇にも，戦跡がいくつかみられます。

　大村地区を歩いていると，日本軍の爆弾・砲弾があちこちに置かれているのに気づきます（図18.6）。これらも小笠原の歴史の一端です。

図18.1 ペリー提督来航記念碑（2020年2月，岩本陽児撮影）

図18.2 BITC−小笠原消費生活協同組合（2020年2月，岩本陽児撮影）

図18.3 小笠原ビジターセンター（2020年2月，岩本陽児撮影）

図18.4 大神山神社（2020年2月，岩本陽児撮影）

図18.5　大根山墓地（公園）（2020年2月，岩本陽児撮影）

図18.6　村内各所にみられる戦争の記憶
（2020年2月，岩本陽児撮影）

18.2 小港海岸から扇浦・境浦地区

村営バスの扇浦線に乗って（村営バスの説明は7.1節を参照），終点小港海岸で下車。海岸林を抜けると，白砂がすばらしい浜の景色が目に飛び込みます。迫力ある枕状溶岩の露頭を間近に観察でき（図18.7），季節にはカツオドリの海中ダイブも見られます。中山峠から南島を望むと，空と海の絶景。なお，遊歩道の入り口には，利用状況調査のための小石の用意と，靴底の有害生物を取り除くためのブラシ・消毒液があります（図18.8）。

扇浦は，昔の人が入江の円弧を扇に見立ててそうよび，また扇のかなめにあたるところから，沖の小島を要岩と名付けました。山側が小笠原神社で，境内には幕末に八丈島からの入植を記念した新治の碑，および明治の政治家大久保利通の文章を刻んだ小笠原開拓碑などの石造記念物があります。いずれも，東京都指定の有形文化財です。

バス通りから海岸に降りると境浦です。境浦といえば，シュノーケリングポイントとして有名な濱江丸という沈没船があります。第二次世界大戦中の1944年6月にサイパン島北方で米軍機動部隊の攻撃により舵を破損し，漂流しました。7月にようやく父島近海にたどり着いたところ，再度，米軍機の魚雷攻撃を受け，座礁しました。1960年のチリ沖地震の津波で，現在地に運ばれたともいわれます。

この界隈の浜辺の崖下には，太平洋戦争末期の特攻兵器「震洋」艇の格納庫が開口していて，中に入ると錆びたレールやフックを見ることができます。流木で足場が悪いので，懐中電灯をお忘れなく。

図18.7　枕状溶岩（2008年3月，菊地俊夫撮影）

図18.8　中山峠の入り口の小石カウンター（2010年3月，菊地俊夫撮影）

18.3 清瀬から奥村界隈

　二見港岸壁の近くにトンネルが見えますが，このトンネルを東に抜けると清瀬地区です。幕末に来航したペリー提督が初代入植者のリーダーだったノリーエル・セーボレーから石炭備蓄基地用に50ドルで購入した土地がここです。

　海側には小笠原水産センターがあります。戸外にはアカバ（アカハタ）の水槽があります。よく馴れていて，備え付けの歯ブラシで遊んでくれます。

　清瀬川を渡り，海沿いを歩くとそこは，とびうお桟橋。日没後，シロワニやネムリブカなどのサメや巨大なエイたちに逢える素敵なスポットです。さらにその東側では，太平洋文化を特徴づけるアウトリガー・カヌーが見られます（図18.9）。太平洋の海洋民は，外洋でも転覆しにくいこのタイプのカヌーで，星を見ながら島々を航海しました。BITC−生協のシンボルマークにもなっています。湾の対岸，オレンジ色の屋根が，水産センターと名前がよく似た小笠原海洋センターです。島民は「カメセンター」の愛称でよんでいます。展示室を抜けると，アオウミガメを主体とするカメ飼養場があり，餌やり体験もできます。裏手に古い飛行機のプロペラなどもあります。このあたりが製氷海岸とよばれているのは，戦前ここに日本水産（現・ニッスイ）の製氷工場があった名残りです。シュノーケリングの機会があれば，急深の斜面にロクセンスズメダイの群舞と，大規模なエダサンゴ群落が楽しめるところです。

図18.9　船外機付きのアウトリガー・カヌー
（2020年2月，岩本陽児撮影）

図 18.10　咸臨丸墓地（2020 年 2 月，岩本陽児撮影）

　奥村から夜明道路を少し上がると，右手に海軍墓地，すぐ先の左手に咸臨丸<ruby>咸臨丸<rt>かんりんまる</rt></ruby>墓地があります。咸臨丸は，幕末に勝海舟や福沢諭吉を乗せて，サンフランシスコまで太平洋を往復したオランダ製の軍艦です。この時，日米修好通商条約の批准書を携えた幕府の使節は，アメリカの軍艦ポーハタン号に乗っていました。咸臨丸はその後 1862 年に外国奉行の調査隊を乗せて小笠原に来航し，国際的に所属不明瞭と認識されていたこの島々の日本領有に貢献しました。この墓地には，咸臨丸で来島して落命した役人の墓のほか，難船した船員を供養する漂流者冥福碑や，明治初期に島の経営にあたった官員の墓所が一か所に寄せてあり，島が経験した様々な歴史に思いを馳せることができます（図18.10）。

（岩本陽児）

あ と が き

　世界的にみて，世界自然遺産に研究施設をもつ大学は多くありません。東京都立大学は，小笠原諸島がアメリカ合衆国から返還されると同時に東京都に帰属した関係で父島研究室を開設しました。父島研究室は 1992 年に小笠原研究施設に移行しましたが，小笠原の自然資源や地域資源に関する調査と研究を 50年にわたって続けてきました。それらの調査や研究の蓄積のエッセンスは本書に十分に盛り込まれています。そのため，本書は読者の知的好奇心を刺激するだけでなく，小笠原への旅を大いに誘うことでしょう。そもそも小笠原の魅力とは何でしょうか。初めて小笠原を訪れた観光者の多くはその魅力に取りつかれ，もう一度訪れたいと思うそうです。しかし，一部の観光者は二度と小笠原を訪れたくないと思うそうです。そのような人びとの小笠原を再訪したくない大きな理由は，東京から父島までの 1 日の船旅による船酔いの苦しさです。また，小笠原でののんびりとした時間の流れが，時間に追われて忙しく生活する現代人には耐えられないことも理由に挙げられています。実は，再訪したくない人びとが挙げた理由こそが小笠原の魅力であるといえます。

　東京から父島まで 1 日の船旅のみのアクセスは，小笠原の隔絶性や孤立性を示すものであり，そこでの自然資源や地域資源が独自の進化や発展を遂げてきた理由の一つにもなっています。実際，南洋の孤島で独自に進化発展した貴重な自然資源は世界自然遺産の重要な構成要素になっています。また，私たちは世界自然遺産ということで自然資源に注目しがちですが，孤島である小笠原には独自の歴史や生活文化も残っており，それらも小笠原の魅力になっています。そのため，小笠原では生態学や地形・地質学，あるいは地理学などの理系の研究者だけでなく，歴史学や社会学などの文系の研究者も多くフィールドワークを行っています。このような孤島の自然や生活文化は研究者だけでなく，観光客を惹きつける要素にもなっています。

　小笠原は研究者にとっても，観光者にとっても魅力的な場所ですが，教育の場所としても注目されています。例えば，東京都立大学の小笠原研究施設は学

生の卒業研究の拠点として使われるほか，全学部の1年生を対象とした教養科目「自然と社会と文化　小笠原コース」の授業でも活用されています。この授業の受講生は自然保護やエコツーリズムの仕組みを現地で体験し，楽しみながら小笠原を学んでいます。同様に，小笠原は修学旅行や教育旅行の目的地としても注目されており，小笠原の自然資源や地域資源を通じての体験は，地学や地理学，生物学，歴史学などを総合的に学ぶ文理融合の教材にもなっています。

　以上に述べたように，小笠原は観光やレクリエーションの場として魅力的なだけでなく，研究や教育の場としても魅力的な場所になっています。しかし，そのような小笠原の魅力を地形・地質や気候，生態などの自然環境と，歴史や生活文化などの人文社会環境を総合的に紹介する書籍は多くありません。本書は自然環境と人文社会環境を総合的に紹介するガイドブックとして企画されました。本書の基本的なコンセプトは，地形・地質が大地の基盤をつくり，その大地に気候や水が活力を与え，動植物を育み，それらを舞台として人びとの居住や文化が展開するという一連のストーリーを描くことにあります。このようなストーリー性は地人相関やジオツーリズムの考え方にも通じています。

　本書は東京都立大学の小笠原研究の成果を踏まえたものですが，本学の小笠原研究は本学だけの力で進められたわけではありません。本学の小笠原研究は常に東京都や小笠原村のサポートに基づいて進められてきました。その意味で，長年にわたって東京都立大学の小笠原研究を支援していただいた東京都や小笠原村の関係者に深く感謝申しあげます。加えて，東京都立大学の小笠原研究は約50年の歴史があり，その間に多くの研究者が貴重な研究を蓄積してきました。そのような研究を行ってきた先輩方に感謝するとともに敬意をはらい，本書を捧げたいと思います。そして，本書の出版を契機にして，小笠原に関する皆様の興味が高まることと，さらなる研究蓄積が進むことを祈念しています。

　最後になりましたが，本書は東京地学協会普及・啓発活動（出版）助成金の供与を受け，朝倉書店の協力で出版することができました。これについても関係者に深謝いたします。

東京都立大学小笠原研究委員会委員長　　菊地俊夫

索　引

世界自然遺産　小笠原諸島
―自然と歴史文化―　　　　　　　　　　定価はカバーに表示

2021 年 3 月 1 日　初版第 1 刷

編集者　東 京 都 立 大 学
　　　　小笠原研究委員会
発行者　朝 　倉 　誠 　造
発行所　株式 朝 倉 書 店
　　　　会社
　　　　東京都新宿区新小川町 6-29
　　　　郵 便 番 号　162-8707
　　　　電　話　03（3260）0141
　　　　F A X　03（3260）0180
　　　　http://www.asakura.co.jp
〈検印省略〉

Ⓒ 2021〈無断複写・転載を禁ず〉　　　　シナノ印刷・渡辺製本

ISBN 978-4-254-18058-9　　C 3040　　　Printed in Japan

都立大 菊地俊夫・都立大 松山 洋編

東 京 地 理 入 門
—東京をあるく，みる，楽しむ—

16361-2 C3025　　　　　A 5 判 164頁 本体2400円

東京の地理を自然地理・人文地理双方の視点から，最新の知見とともにバランスよく解説。概説とコラムで東京の全体像を知る。〔内容〕東京を見る／地形／気候／植生と動物／水と海／歴史と文化／東京に住む／経済／観光／東京の未来

都立大 菊地俊夫・都立大 松山 洋・都立大 佐々木リディア・都立大 エランガラナウィーラゲ編

Geography　of　Tokyo

16362-9 C3025　　　　　A 5 判 168頁 本体2800円

全編英語で執筆された、東京の地理の入門書。〔内容〕Landforms/Climate/Animals and Plants in Tokyo/Waters and Seas/History and Culture/Living in Tokyo/Economy/Tourism

都立大 菊地俊夫・立教大 松村公明編著

よくわかる観光学 3

文 化 ツ ー リ ズ ム 学

16649-1 C3326　　　　　A 5 判 196頁 本体2800円

地域における文化資源の保全と適正利用の観点から，文化ツーリズムを体系的に解説。〔内容〕文化ツーリズムとは／文化ツーリズム学と諸領域（地理学・社会学・建築・都市計画等）／様々な観光（ヘリテージツーリズム，聖地巡礼等）／他

都立大 菊地俊夫・帝京大 有馬貴之編著

よくわかる観光学 2

自 然 ツ ー リ ズ ム 学

16648-4 C3326　　　　　A 5 判 184頁 本体2800円

多彩な要素からなる自然ツーリズムを様々な視点から解説する教科書。〔内容〕基礎編：地理学，生態学，環境学，情報学／実践編：エコツーリズム，ルーラルツーリズム，自然遺産，都市の緑地空間／応用編：環境保全，自然災害，地域計画

前下関市大 平岡昭利・駒澤大 須山 聡・琉球大 宮内久光編

図 説 日 本 の 島
—76の魅力ある島々の営み—

16355-1 C3025　　　　　B 5 判 192頁 本体4500円

国内の特徴ある島嶼を対象に，地理，自然から歴史，産業，文化等を写真や図と共にビジュアルに紹介〔内容〕礼文島／舳倉島／伊豆大島／南鳥島／淡路島／日振島／因島／隠岐諸島／平戸・生月島／天草諸島／与論島／伊平屋島／座間味島／他

学芸大 加賀美雅弘著

食 で 読 み 解 く ヨ ー ロ ッ パ
—地理研究の現場から—

16360-5 C3025　　　　　A 5 判 176頁 本体3000円

ヨーロッパの食文化から，地域性・自然環境・農業・都市・観光・工業・エスニック集団・グローバル化など諸現象を掘り下げ，その地誌を紐解く。写真・地図を多用。〔内容〕ムギと油脂／ジャガイモ／砂糖／ビール／トウモロコシ／コーヒー／他

日大 矢ケ﨑典隆・都立大 菊地俊夫・立教大 丸山浩明編

シリーズ〈地誌トピックス〉 2

ロ ー カ リ ゼ ー シ ョ ン
—地域へのこだわり—

16882-2 C3325　　　　　B 5 判 152頁 本体3200円

各地域が独自の地理的・文化的・経済的背景を，また同時に，地域特有の課題を持つ。第2巻はローカリゼーションをテーマに課題を読み解く。都市農業，ルーマニアの山村の持続的発展，アフリカの自給生活を営む人々等を題材に知見を養う。

JTB総研 髙松正人著

観 光 危 機 管 理 ハ ン ド ブ ッ ク
—観光客と観光ビジネスを災害から守る—

50029-5 C3030　　　　　B 5 判 180頁 本体3400円

災害・事故等による観光危機に対する事前の備えと対応・復興等を豊富な実例とともに詳説する。〔内容〕観光危機管理とは／減災／備え／対応／復興／沖縄での観光危機管理／気仙沼市観光復興戦略づくり／世界レベルでの観光危機管理

前学芸大 白坂 蕃・前立大 稲垣 勉・前立大 小沢健市・松蔭大 古賀 学・前東大 山下晋司編

観 光 の 事 典

16357-5 C3525　　　　　A 5 判 464頁 本体10000円

人間社会を考えるうえで重要な視点になってきた観光に関する知見を総合した，研究・実務双方に役立つ観光学の総合事典。観光の基本用語から経済・制度・実践・文化までを網羅する全197項目を，9つの章に分けて収録する。〔内容〕観光の基本概念／観光政策と制度／観光と経済／観光産業と施設／観光計画／観光と地域／観光とスポーツ／観光と文化／さまざまな観光実践〔読者対象〕観光学の学生・研究者，観光行政・観光産業に携わる人，関連資格をめざす人

小笠原諸島全体

10km

北之島

聟島

媒島

聟島列島

嫁島

父島列島

孫島

西島

弟島

兄島

東島

父島

南島

母島列島

母島

向島

平島

姫島

姉島

妹島